普通高等教育"十三五"规划教材
新工科建设之路·计算机类专业规划教材

Java 程序设计简明教程

张晓龙 吴志祥 刘 俊 编著

电子工业出版社·
Publishing House of Electronics Industry
北京·BEIJING

内 容 简 介

本书系统地介绍了 Java 桌面编程的基础知识，共分 10 章。其中，前 9 章的内容包括 Java 概述及开发环境，Java 语言基础，面向对象的程序设计，多线程，集合框架与泛型，Java UI 设计，Java I/O 操作与文件读写，网络编程和 JDBC 编程；第 10 章是综合项目实训。

本书充分考虑后续课程的需要，精心安排内容结构，力求从简单到复杂，循序渐进，突出逻辑性和实用性。重要的知识点都配有示例，配套的课程网站包括了相关软件下载、上机实验指导（含项目案例）、课件下载和课程档案文件下载等。

本书可以作为高等院校计算机专业和相关专业学生学习 Java 程序设计等课程的教材，也可以作为 Web 开发者的参考书。

未经许可，不得以任何方式复制或抄袭本书之部分或全部内容。

版权所有，侵权必究。

图书在版编目（CIP）数据

Java 程序设计简明教程/张晓龙，吴志祥，刘俊编著. —北京：电子工业出版社，2018.7（2024.7 重印）
ISBN 978-7-121-34114-4

Ⅰ. ①J… Ⅱ. ①张… ②吴… ③刘… Ⅲ. ①JAVA 语言－程序设计－高等学校－教材
Ⅳ. ①TP312.8

中国版本图书馆 CIP 数据核字（2018）第 083115 号

策划编辑：张小乐
责任编辑：张小乐
印　　刷：北京捷迅佳彩印刷有限公司
装　　订：北京捷迅佳彩印刷有限公司
出版发行：电子工业出版社
　　　　　北京市海淀区万寿路 173 信箱　　邮编：100036
开　　本：787×1 092　1/16　印张：16　字数：435 千字
版　　次：2018 年 7 月第 1 版
印　　次：2024 年 7 月第 8 次印刷
定　　价：45.00 元

前　言

随着网络技术应用的日益发展，Java 已成为当今最流行的面向对象程序设计语言，广泛应用于桌面开发、Web 开发和移动开发等领域。目前，关于 Java 的相关书籍较多，但真正从零基础开始、内容简明而又系统的教材并不多见。为此，笔者编写了本书，希望能够满足高校教学的需求。

在充分考虑了后续课程（Java EE 和 Android 移动平台开发等）需要的基础上，本书系统地介绍了 Java 桌面编程的基础知识，共分 10 章。其中，前 9 章的内容包括 Java 开发环境的搭建，Java 编程基础，面向对象的程序设计，多线程，集合框架与泛型，Java UI 设计，Java I/O 操作与文件读写，网络编程和 JDBC 编程；第 10 章是综合项目实训。

本书结构合理、逻辑性强。作者对内容设置和结构安排进行了深思熟虑的推敲，力求做到内容从简单到复杂，循序渐进，根据相关知识点之间的联系进行组织。例如，第 2 章介绍的异常处理，将在第 4 章 Java 多线程、第 7 章 Java I/O、第 8 章 Java 网络编程和第 9 章 JDBC 编程中用到；第 3 章介绍的匿名实现类（内部类），将在第 6 章的监听器设计中用到；第 5 章介绍的泛型与集合将在第 6 章 Java UI、第 7 章 Java I/O 和第 8 章 Java 网络编程中用到；第 7 章介绍的流的相关 API 将在第 8 章 Java 网络编程中用到。

每章对知识点的介绍简明扼要且体系严密。通过图解的方式，清晰地反映了软件包中类（或接口）的成员属性（方法）。同时，配合文字简要说明其重点。此外，每章精心设计的典型例子紧扣本章相关理论。

课后练习与实验是教学的重要环节。每章末均配有习题及实验。此外，第 10 章综合项目实训能帮助学生综合使用 Java 的各个知识点。

本书有配套的上机实验网站，提供包括实验目的、实验内容、在线测试（含答案和评分）和素材等，还包括教学大纲、实验大纲、各种软件的下载链接、课件和案例源代码下载、在线测试等，极大地方便了教与学。

本书由张晓龙、吴志祥和刘俊整体构思并编写完成，张智老师制作了精美的 PPT 课件，廖光忠、柯鹏老师和研究生李岩等都参与了许多问题的讨论和代码测试。在此，一并致谢。

本书可以作为高等院校计算机专业和相关专业学生学习 Java 程序设计等课程的教材，也可以作为 Web 开发者的参考书。

如需获取本书配套的课件、案例源代码等教学资料，可访问本书配套教学网站 http://www.wustwzx.com/java/index.html。

由于编者水平有限，书中错漏之处在所难免，在此真诚欢迎读者多提宝贵意见，通过访问本书配套教学网站可与作者联系，以便再版时更正。

编　者
2018 年 4 月于武汉

目 录

第 1 章

Java 概述及开发环境

Java 是具有开源特性、跨平台特性及面向对象特性的计算机程序设计语言，广泛应用于移动设备、嵌入式设备上的 Java 应用程序和 Web 应用程序。JDK（Java Development Kit）是整个 Java 开发的核心，它提供了 Java 的运行环境、Java 开发工具包和 Java 基础类库。本章学习要点如下：

- 了解 Java 语言的发展简史、特点及应用的三个方向；
- 掌握类与对象的关系，类的封装特性；
- 掌握 Java 集成开发工具 eclipse-jee 的使用；
- 了解 Java 虚拟机的作用；
- 掌握 Java 程序结构；
- 掌握 Java 类库的语言包中常用类的使用；
- 掌握 Java 程序的动态调试和单元测试方法；
- 掌握使用 Maven 管理项目依赖包。

1.1　Java 语言发展简史及应用

1.1.1　Java 语言发展简史

1991 年，Sun 公司的 James Gosling、Bill Joe 等人，为在电视机、烤箱等家用消费类电子产品上进行交互式操作而开发了一个名为 Oak（即一种橡树的名字）的软件，即 Java 语言的前身。当时，这款软件并没有引起人们的注意。直到 1994 年下半年，因特网的迅猛发展，推动了 Java 语言的发展，使得它逐渐成为因特网上最受欢迎的编程语言。2009 年，甲骨文公司（Oracle）收购了 Sun 公司。此后，由甲骨文公司继续推进 Java 语言的发展。

Java 语言发展迅速并被广泛应用，成为目前主流的网络编程语言，这与 Java 语言本身的特点是密切相关的。Java 语言具有简单、动态、面向对象、分布式、解释执行、健壮、安全、结构中立、可移植、高效能、多线程等多种特点。

1.1.2　Java 语言应用的三个方向

根据用途的不同，Java 语言可分为以下三种版本：

- Java SE（Java Standard Edition）：Java 标准版，主要用于桌面级的应用和数据库的开发。
- Java EE（Java Enterprise Edition）：Java 企业版，主要用于企业级开发，提供企业级 Web 应用开发的各种技术。
- Java ME（Java Micro Edition）：Java 移动版，主要用于嵌入式的、移动式的应用开发，如手机应用软件开发。

1.2　Java 语言的特点

1.2.1　面向对象特性、解释性与简单性

Java 语言是一种面向对象的语言，它通过提供最基本的方法来完成指定的任务，只需理解一些基本的概念，就可以用它编写出适合于各种情况的应用程序。Java 略去了 C++ 里运算符重载、多重继承等模糊的概念，并且通过实现自动垃圾收集大大简化了程序设计者的内存管理工作。另外，Java 也适合在小型机上运行，它的基本解释器及类库代码体量都很小。

Java 语言的设计集中于对象及其接口，它提供了简单的类机制及动态的接口模型。对象中封装了它的状态变量及相应的方法，实现了模块化和信息隐藏，而类则提供了一类对象的原型，并且通过继承机制，子类可以使用父类所提供的方法，实现了代码的复用。

Java 解释器直接对 Java 字节码进行解释执行。字节码本身携带了许多编译时的信息，使得连接过程更加简单。

Java 在编译和运行程序时，都要对可能出现的问题进行检查，以避免错误的产生。它提供自动垃圾收集机制来进行内存管理，防止程序员在管理内存时产生人为错误。通过集成的面向对象的异常处理机制，在编译时，Java 提示可能出现但未被处理的异常，帮助程序员正确地进行选择以防止系统崩溃。

注意：

（1）面向对象是 Java 的重要特性，能实现良好的代码重用。

（2）Java 语言的设计使它适合于一个不断发展的环境。在类库中可以自由地加入新的方法和实例变量而不会影响用户程序的执行。并且 Java 通过接口来支持多重继承，使之比严格的类继承具有更灵活的方式和扩展性。

（3）与其他解释执行的语言（如 BASIC）不同，Java 字节码的设计使之能很容易地直接转换成对应于特定 CPU 的机器码，从而获得较高的性能。

（4）Java 在编译时还可捕获类型声明中的许多常见错误，防止出现动态运行时不匹配的问题。

2

1.2.2　平台无关性（可移植性）

为了使程序能在任何平台上运行而不需要程序员针对不同的平台重写或重编译，Java 虚拟机（Java Virtual Machine，JVM）使这个愿望变为可能。因为它能知道每条指令的长度和平台的其他特性。JVM 是通过在实际的计算机上仿真模拟各种计算机功能来实现的。Java 虚拟机有自己完善的硬件架构，如处理器、堆栈、寄存器等，还具有相应的指令系统。JVM 屏蔽了与具体操作系统平台相关的信息，这使得 Java 程序只需要生成在 Java 虚拟机上运行的目标代码（字节码），就可以在多种平台上不加修改地运行。Java 虚拟机在执行字节码时，最终还是把字节码解释成具体平台上的机器指令后执行。

与平台无关的特性，使 Java 程序可以方便地被移植到网络上的不同机器。同时，Java 的类库中也实现了与不同平台的接口功能，使这些类库可以移植。另外，Java 编译器是由 Java 语言实现的，Java 运行时环境由标准 C 语言实现，这使得 Java 系统本身也具有可移植性。

Java 解释器生成与体系结构无关的字节码指令，只要安装了 Java 运行时环境，Java 程序就可在任意的平台上运行。

作为一种独立于硬件平台的编程语言，Java 代码比本地代码慢一些，但随着技术的不断发展，Java 语言的表现在不牺牲可移植性的前提下也正在不断地接近本地代码。

通过编译器，可以把 Java 程序源代码编译成一种中间代码，称为字节码。字节码可以被视为运行在 Java 虚拟机上的机器代码指令，可以运行在任何 JVM 上。Java 字节码使得"Java 程序编译一次，到处运行"成为可能。

1.2.3　健壮性与安全性

Java 不需要进行指针运算和存储器管理，从而简化设计，减少出错的可能性。

用于网络、分布式环境下的 Java 必须要防止病毒的入侵。Java 不支持指针，一切对内存的访问都必须通过对象的实例变量来实现，这样就防止程序员使用"特洛伊"木马等欺骗手段访问对象的私有成员，同时也避免了指针操作中容易产生的错误。

1.2.4　多线程特性

多线程机制使应用程序能够并行执行，而且同步机制保证了对共享数据的正确操作。通过使用多线程，可以分别用不同的线程完成特定的行为，而无须采用全局的事件循环机制，这样可以很容易地实现网络上的实时交互行为。

1.2.5　网络支持

Java 是面向网络的语言。通过它提供的类库可以处理 TCP/IP 协议，用户可以通过 URL 地址在网络上很方便地访问其他对象。事实上，Java 已经作为开发服务器端和移动设备应用的程序设计语言（将在后续课程 Java EE 和 Android 中详细介绍）。

1.3　Java 运行环境及开发环境

1.3.1　安装 JDK 并建立环境变量

SDK（Software Development Kit）是一个使用广泛的专业名词，是指软件开发工具包，是辅助开发某一类软件的相关文档、范例和工具（包括方法库、编译程序等）的集合。

JDK 是 Sun Microsystems 公司提供给 Java 开发员的 SDK，它提供了 Java 的开发环境和运行时环境（Java Runtime Enviroment，JRE），用于构建在 Java 平台上运行的应用程序、Applet（小程序）和组件等。

如同 Win 32 应用程序需要操作系统来运行一样，Java 程序需要 JRE 才能运行。

注意：JRE 面向 Java 程序的使用者，而不是开发者。

访问 http://download.oracle.com，进入官网下载页面，选择 Java SE 及对应版本进行下载和安装。本书使用 JDK 8，安装后的文件系统如图 1.3.1 所示。

图 1.3.1　安装 JDK 后的文件系统

系统文件夹里的主要文件夹及文件的含义如下：
- 文件夹 bin 提供 JDK 工具程序；
- 文件夹 jre 存放 Java 运行时环境文件；
- 文件夹 lib 存放 Java 的类库文件，即工具程序使用的 Java 类库；
- 文件夹 include 存放用于本地方法的文件；
- 文件 src.zip 是 Java API 的源代码压缩文件。

为了在命令行方式下方便使用 JDK 工具程序，需要建立 Windows 环境的系统变量 Path，其值为%Java_Home%\bin。其中，Java_Home 也是系统变量，其值为 JDK 的安装路径，如图 1.3.2 所示。

图 1.3.2　Windows 环境下的系统变量设置

注意：

（1）系统变量 Java_Home 在后续课程 Java Web 中使用 Tomcat 时是必须配置的。

（2）为方便在命令行方式下使用 JDK 工具，通常需要建立 Windows 环境变量 Path。

1.3.2　JDK 工具箱与 Java 虚拟机

JDK 工具箱提供了众多的 Java 开发工具，下面介绍其中常用的几个。

（1）javac.exe：Java 编译工具，用于编译 Java 源代码文件。

（2）java.exe：Java 运行工具，用于运行 .class 字节码文件或 .jar 文件。

（3）jar：jar 文件管理工具，主要用于打包压缩、解压 .jar 文件。

（4）appletviewer.exe：用于运行并浏览小程序，参见 6.1.6 节。

（5）wsimport：XML Web Service 2.0 的 Java API，主要用于根据服务端发布的 .wsdl 文件生成客户端存根及框架，参见 8.4 节。

Java 平台由两大部分组成：Java 虚拟机（JVM）和 Java 应用程序编程接口（Java Application Programming Interface，Java API）。

JVM 是在不同硬件、不同操作系统之上定义的完全相同的支持 Java 程序运行的虚拟计算机，它隐藏了复杂的计算机硬件和操作系统，使程序员只需要面对单一的支持 Java 的计算机。

Java 编译器将 Java 源代码转换成 JVM 的指令序列（字节码），保存在 .class 文件中。执行 Java 程序时，JVM 负责解释字节码，将 JVM 的指令转换成真实的机器指令后执行。

1.3.3　Java 集成开发环境 eclipse-jee

早期的 Java 开发，使用记事本之类的文本编辑工具编辑源文件，使用 JDK 工具编译 Java 源程序而得到 .class 文件。再借助于 JRE，使用 Java 运行工具来运行 Java 应用程序。这种手工开发方式，其过程较为烦琐、效率低下，不推荐使用。

注意：手工开发方式，需要建立 Windows 系统环境变量 Classpath。

eclipse 是一个开放源代码的、基于Java的可扩展开发平台。就其本身而言，它只是一个框架和一组服务，用于通过插件和组件构建开发环境。幸运的是，eclipse 附带了一个标准的插件集，包括 Java开发工具。访问 eclipse 官网下载专区（https://www.eclipse.org/

downloads）可下载免安装版本。本书使用的是既能做桌面开发、也能做 Java Web 开发的 Oxygen 版本，如图 1.3.3 所示。

图 1.3.3　eclipse 的 Oxygen 版本

eclipse 软件提供了工具栏和菜单两种使用方式。

对于 Java 课程的学习，主要使用工具 ⏵ 来运行程序，使用工具 🪲 以调试模式运行程序。

菜单操作也是必须掌握的。例如，为了实现在保存 Java 类时自动编译，应选择菜单 Project→Build Automatically（显示为打勾状态）。

注意：

（1）教学网站 http://www.wustwzx.com 上本课程的下载专区，提供了 eclipse-jee 的下载链接。

（2）在 eclipse 集成环境中，不需要建立 Windows 系统环境变量 Classpath。

（3）使用集成环境 eclipse 后，保存源文件时就自动编译生成字节码。此时，查看系统文件夹中 bin 文件夹里的 .class 文件可验证这一点。

（4）在 eclipse 中，按下运行按钮，就会调用 JDK 解释运行字节码。

（5）在命令行方式下编译含有引用第三方 jar 包的 Java 源程序时，需要建立系统变量 Classpath，其值为相关类所在的路径。

1.3.4　统一 eclipse 项目编码

进入 eclipse 安装目录，使用 NotePad 之类的文本编辑软件，打开 eclipse 配置文件，在最后增加一行代码：

```
-Dfile.encoding=utf-8
```

1.3.5　eclipse 若干快捷操作

软件开发需要讲究时间效率，使用快捷操作能提高开发效率。在 eclipse 开发环境中，常用的快捷操作如表 1.3.1 所示。

表 1.3.1　eclipse 开发环境中的若干快捷操作

功　　能	操作（或快捷键）
快速选取文本，供复制和修改用	双击文本
项目或文件的重命名	选中对象，按功能键 F2
搜索包含特定字符的文档	Ctrl+H
产生控制台输出命令 System.out.println()	输入 sysout 后按回车键
关闭所有已打开的文档	Ctrl+Shift+W
最大化（或还原）编辑或信息显示窗口	双击标题栏
自动导入所需要（或去掉不必引入）的软件包	Ctrl+Shift+O
程序文档格式化	Ctrl+Shift+F
产生类的 main() 方法块	输入 main 后按回车键
快速修复：包括自动导包、创建类实例时自动补全等	输入 new 类名 () 后按快捷键 Ctrl+1，然后单击 ⓘ Assign statement to new local variable (Ctrl+2, L)
产生类属性的所有 get/set 方法	空白处单击右键→Source→Generate Getters and Setters
自动生成实体类的 toString() 方法	空白处单击右键→Source→Generate to String()
自动生成要实现的接口方法块	在类名前出现 ⓘ 时，单击 ⓘ，在出现提示信息 must implements the inherited abstract method 时，单击 ⓐ Add unimplemented methods
查看类（或接口）提供的所有方法	按 Ctrl 键，当指针在类（或接口）名上呈现超链接时单击，再单击左边 ⓘ Package Explorer 窗口里的 ⓢ
注释代码	选中文本后按快捷键 Ctrl+Shift+/
标签、标签属性、属性值和重写方法等的自动提示	Alt+/
标识符关联修改（可自动修改类名）	Alt+Shift+R
取消代码注释	选中文本后按快捷键 Ctrl+Shift+\
删除光标所在的一行	Ctrl+D
自动产生 try…catch 代码块	当类名前出现 ⓘ 时，单击，在出现提示信息 Unhanded exception type Exception 时，单击 ⓙ Surround with try/catch
查看程序（类）结构	先按快捷键 Alt+Shift+Q，松开后再按 O 键，或使用菜单 Window→Show View→Outline
查看类（或接口）继承关系	选中类（或接口）后，按快捷键 Ctrl+T

注意：在分析、修改别人的项目时，可能会重新命名某个类名。在相应的类文件里，使用快捷键 Alt + Shift + R 修改类名标识符进而修改类名，是非常快捷的方式。

1.4　Java 面向对象初步

1.4.1　类与对象、封装特性

计算机程序设计的本质就是将现实生活中遇到的问题抽象后，利用计算机语言转化为计算机能够理解的层次，并最终利用机器来求得问题的解。

早期面向过程的编程语言，没有抽象机制，或者抽象层次有限。面向对象的编程语言将客观事物看作具有状态和行为的对象，通过抽象找出同一类对象的共同状态（静态特征）和行为（动态特征），从而构成模型。世间万事万物都是客观存在的对象，都可以抽象为包括状态和行为的类。例如，汽车具有颜色、速度、车门个数等状态特征，同时还具有刹车、加速、减速等行为。使用面向对象的观点来描述汽车这类对象的话，可以在程序中建立如下的模型：

```
class   Car{
    String color;              //汽车颜色
    int door_number;           //车门个数
    double speed;              //汽车速度
    …                          //其他状态属性
    void   brake(){....};       //汽车的刹车行为
    void   speedUp(){....};     //汽车的加速行为
    void   slowDown(){....};    //汽车的减速行为
    …                          //其他行为
}
```

面向对象的封装特性是一种信息隐蔽技术，利用抽象将数据和基于数据的操作封装在一起，形成一个不可分割的独立单位——对象。数据被保护在对象的内部，对外隐蔽对象的内部细节，只保留有限的对外接口，使之与外部发生联系。

封装使对象以外的部分不能随意存取对象的内部属性数据，使软件错误能够局部化，大大减少了查错和降低了排错的难度。

在面向对象的程序设计中，抽象数据类型用"类"这种面向对象的工具表示，每个类中都封装了相关的数据和操作。封装性降低了程序开发过程的复杂性，提高了效率和质量，保证了数据的完整性和安全性。同时，封装性提高了抽象数据类型的可重用性，使抽象数据类型成为一个结构完整、能够自行管理的有机整体。

1.4.2　Java 程序结构

一个简单的 Java 程序包含于一个扩展名为 .java 的文件中，只有一个使用关键字 class 定义的类，其类名与保存类的文件名相同。例如，一个 Java 示例程序 HelloJava.java 的代码如下：

```
public class HelloJava {
    public static void main(String[] args) {
        System.out.println("Hello,Java!");
    }
}
```

注意：

（1）类的定义使用关键字 class。

（2）关键字 public 可用来修饰类或其成员（属性或方法）。

（3）方法 main() 是程序运行的入口，并可接收命令行参数。

一个 Java 源文件可以由多个类组成。要注意以下几点：

（1）每个类编译完成后，会生成各自的字节码文件；

（2）同一个 Java 源文件中，类名不能重复；

（3）同一个 Java 源文件中，最多包含一个用 public 修饰的类；

（4）一个 Java 源文件中，如果有 public 修饰的类，则文件名必须与 public 修饰的类名完全相同（英文还要严格区分大小写）。

一个包含多个类的源文件示例代码如下（文件名为 TestMultiClass.java）：

```
class OtherClass {                         //定义另一个类，其位置也可在主类之后
    public void f1() {
        System.out.println("f1 called");
    }
}
public class TestMultiClass{               //主类
    public static void main(String args[]) {
        OtherClass oc=new OtherClass ();   //创建类的实例对象
        oc.f1();                           //通过类的实例对象调用类方法
    }
}
```

1.4.3　Java 类库及 API 简介

Java 提供了许多预定义的类，是一组由开发人员或软件供应商编写好的 Java 程序模块，每一个模块通常对应一种特定的基本功能和任务，这些系统定义好的类根据实现的功能不同，可以划分成不同的集合，每个集合是一个包，合称为类库。Java 的类库是系统提供的已实现的标准类的集合，统称为 Java 应用程序编程接口，即 Java API。

根据功能的不同，Java 的类库被划分为若干个不同的包，每个包中都有若干个具有特定功能和相互关系的类和接口。表 1.4.1 列出了 Java API 中较常使用的包。

表 1.4.1　Java API 中较常使用的包

包　名	描　述
java.lang	java.lang 包是 Java 语言的核心类库，包含了运行 Java 程序必不可少的系统类，如基本数据类型、基本数学方法、字符串处理、线程、异常处理类等。每个 Java 程序运行时，系统都会自动地引入 java.lang 包
java.io	java.io 包是 Java 语言的标准输入/输出类库，包含实现 Java 程序与操作系统、用户界面及其他 Java 程序做数据交换所使用的类。凡是需要完成与操作系统有关的较底层的输入/输出操作的 Java 程序，都要用到 java.io 包
java.util	java.util 包包含了 Java 语言中的一些实用工具，如处理时间的 Date 类、处理变长数组的 Vector 类、实现集合的 Collection 接口及其子接口和子类等
java.awt	java.awt 包是 Java 语言用来构建图形用户界面（GUI）的类库，它包含了图形界面组件、低级绘图操作、布局管理和事件处理模型

续表

包　　名	描　　述
javax.swing	javax.swing 提供一组"轻量级"（完全由 Java 语言实现）的图形用户界面组件，尽量让这些组件在所有平台上的工作方式都相同
java.sql	java.sql 包是实现 JDBC（Java DataBase Connection）的类库，利用这个包可以使 Java 程序具有访问不同种类的数据库的功能
java.net	java.net 包是 Java 语言用来实现网络功能的类库，利用 java.net 包中的类，开发者可以编写自己的具有网络功能的程序

使用类库中系统定义好的类，有以下几种方式：

（1）直接使用系统类。例如，向系统标准输出设备（控制台）输出字符串时使用的方法 System.out.println()，就是系统类 System 的静态属性 out 的方法。

（2）创建系统类的实例对象。例如，通过时间类 Date 创建时间对象，获取当前日期与时间。

（3）继承系统类，详见 3.2 节。

注意：

（1）一个 jar 文件包含若干软件包，一个软件包内包含有若干类或接口。

（2）在程序（包括 JDK 源码）中，通过按住 Ctrl 键并单击的链接跟踪方式，能获得联机支持。

1.4.4　导入 Java 包指令 import

使用系统类的前提条件是该系统类应该是用户程序可见的类。java.lang 包是自动引入的，也就是说，对于用户程序默认可见，因此，程序中使用 System 是不必显式引入的。

位于同一个包（即同一个目录）中的类可以直接相互访问。如果一个类要访问来自于另一个包中的类，则需要通过 import 语句将其需要访问的类引入，否则无法使用其他包中的类，编译时会报错。

例如，使用 Scanner 类实现键盘输入时，需要在类定义的前面写上这样一条语句：

```
import java.util.Scanner;
```

Java 使用 import 关键字来引入类，格式如下：

```
import 带包名的完整类名;
```

注意：import 语句要位于 package 语句（详见 3.1.1 节）之后，类或接口定义之前（忽略注释）。

1.5　在 eclipse 中创建与运行 Java 项目

1.5.1　一个简单 Java 项目的创建与运行

使用菜单 File→New→Java Project，在弹出的对话框中输入项目名称，即可以创建一个 Java 项目，操作如图 1.5.1 所示。

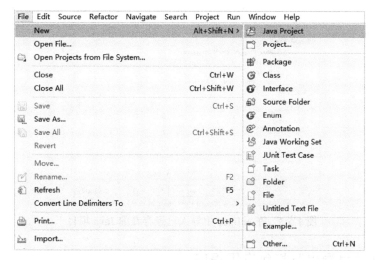

图 1.5.1　在 eclipse 中创建 Java 项目

Java 项目结构及对应的文件系统如图 1.5.2 所示。

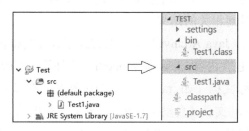

图 1.5.2　eclipse 中 Java 项目结构及对应的文件系统

Java 源文件存放在 src 文件夹中，单击工具栏上的运行按钮 ⊙ 即可运行程序。

注意：

（1）在包浏览器窗口空白处使用右键快捷菜单，比使用 File 菜单更加高效。

（2）本书主要涉及的是 Java 项目，而 Java Web 项目将在 Java 后续课程中介绍。创建其他类型的项目，需要选择 Other 菜单。

（3）新建一个 Java 类文件并保存时，自动在项目文件夹的 bin 文件夹中生成相应的 .class 文件。

1.5.2　Java 项目的导入

把外部项目移植到工作空间，可以使用 eclipse 的项目导入功能，其方法是使用菜单 File→Import，在弹出的对话框中选择 Existing Projects into Workspace，再通过浏览方式选择外部项目，如图 1.5.3 所示。

注意： 后面比较重要的一步是，在 Import Projects 对话框中，选择要导入的项目后，勾选 Copy projects into workspace 项，将项目复制到 eclipse 工作空间。

图 1.5.3　在 eclipse 中导入已经存在的 Java 项目

1.5.3　Java 项目导出及打包应用程序

在开发过程中，可以直接使用 .class 文件来运行程序，但这对用户来说并不是一个好方式。通常情况下，用户不需要知道到底有多少 .class 文件，以及每个文件中的功能与作用，他们只希望能得到相关的结果。

Java 提供了创建 JAR（Java Archive）文件的方式来进行发布和运行。JAR 文件是一种按 Java 格式压缩的类包，包含内容 .class 和 .properties 文件等，是 Java 文件封装的最小单元。

JAR 文档与普通压缩文档（如 .rar 文件）的区别是：在 JAR 文档中，包含了一个 META-INF/MANIFEST.MF 文档（自动创建的），该文档存放的是关于系统运行的一些配置信息，如 Main-Class 信息。

对于一个应用项目，在右键快捷菜单中选择 Export。在对话框中选择 Runnable JAR file，如图 1.5.4 所示。

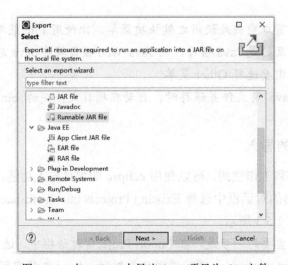

图 1.5.4　在 eclipse 中导出 Java 项目为 .jar 文件

在命令行方式下，运行 .jar 文件的方法如下：

> java　–jar　导出的 jar 文件名.jar

注意：如果项目不包含 main() 方法（如定义接口），则使用选项 JAR file 来打包供其他项目引用。

1.5.4　Maven 项目的创建与使用

Maven 意为知识的积累。在 eclipse 中开发 Java 或 Web 项目，可能需要使用由第三方提供的 jar 包。例如，JDBC 数据库访问（详见第 9 章）时，需要由 MySQL 数据库厂商提供的 MySQL 驱动包。为了实现对项目所依赖 jar 包的统一管理，使用 Maven 来管理项目依赖包，是目前非常流行的做法。

Maven 能实现基于 Java 平台的项目的构建和依赖管理，主要包括项目清理、编译测试和生成报告，以及打包和部署等工作。Maven 的优点就是可以统一管理这些 jar 包，并使多个工程共享这些 jar 包。

使用 Maven 之前，需要为 eclipse 添加 Maven 支持。从本书配套教学网站（http://www.wustwzx.com）Java EE（Web）开发课程的下载专区下载"Apache Maven 3.5.2"压缩包并解压，使用 eclipse 菜单 Window→Preferences，在搜索文本框中输入 mav，选择 Installations，单击"Add"按钮，以浏览方式指定刚才解压的 Maven 文件夹的根路径，如图 1.5.5 所示。

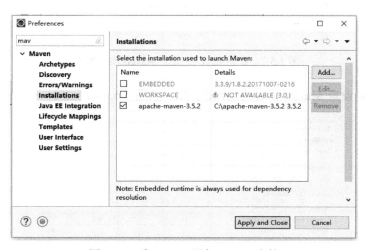

图 1.5.5　为 eclipse 添加 Maven 支持

在项目包浏览器窗口空白处，按快捷键 Ctrl+N，弹出 New 对话框。在搜索框中输入 mav，如图 1.5.6 所示。

Java 程序设计简明教程

图 1.5.6　在 eclipse 中创建 Maven 项目

接下来，选择要创建的项目类型，主要有 Java 项目和 Java Web 项目，如图 1.5.7 所示。

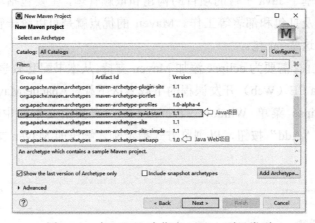

图 1.5.7　在 eclipse 中指定 Maven 项目类型

最后一步是设置 Maven 项目的 Artifact Id，如图 1.5.8 所示。

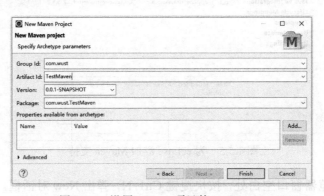

图 1.5.8　设置 Maven 项目的 Artifact Id

一个 Maven 项目的文件系统，如图 1.5.9 所示。

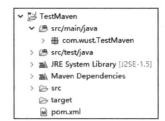

图 1.5.9　Maven 项目的文件系统

注意：Maven 提供项目依赖 jar 包的下载，但并未提供软件（如 MySQL 等）的下载功能。

中央仓库是 Maven 默认的一个远程仓库，它存储了互联网上所有的 jar 包，并由 Maven 团队来维护，其访问地址为 http://mvnrepository.com。例如，访问该站点并在搜索框中输入 mysql jdbc，可以得到版本为 5.1.24 的 JDBC 驱动包的 pom 坐标如下：

```
<groupId>mysql</groupId>
<artifactId>mysql-connector-java</artifactId>
<version>5.1.24</version>
```

在 Maven 项目里，pom.xml 文件中通过 dependency 引入的依赖 jar 包由下列几项组成：

- <groupId></groupId>表明要引入的 jar 包是哪个组的。
- <artifaceId></artifaceId>表明在这个组中的唯一性，即唯一的 ID。
- <version></version>表明该 jar 包的当前版本。
- <scope></scope>表明该 jar 包的作用范围。

例如，创建 Maven 项目时，默认引入了单元测试依赖 jar 包，其定义如下：

```
<dependency>
    <groupId>junit</groupId>
    <artifactId>junit</artifactId>
    <version>3.8.1</version>
    <scope>test</scope>
</dependency>
```

注意：

（1）在 pom.xml 定义依赖包时，不使用标签<scope>没有影响。

（2）将 pom.xml 文件中 junit 的版本修改为 4.12 并保存时，则会重新下载。

（3）一个完整的 Maven 项目可详见第 9 章。

项目依赖包默认从 Maven 仓库下载（如果本地仓库没有的话），其速度较慢。为了获得较快的下载速度，可使用阿里云 Maven 镜像仓库，也为了指定项目的 JDK 版本，需要在 Maven 根目录\conf\setting.xml 中添加如下两个标签：

```
<mirrors>
    <mirror>
```

```
            <id>aliyun</id>
            <name>aliyun Maven</name>
            <mirrorOf>*</mirrorOf>
            <url>http://maven.aliyun.com/nexus/content/groups/ public/</url>
        </mirror>
    </mirrors>
```

修改了 Maven 设置文件 settings.xml 后，为了让其生效，需要在 eclipse 中更新，如图 1.5.10 所示。

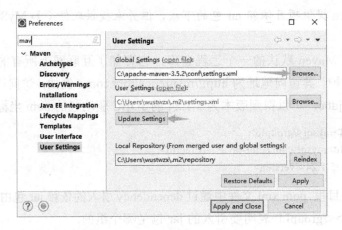

图 1.5.10　更新 Maven 设置文件

Maven 设置文件 settings.xml 生效后，使用 eclipse 菜单 Window→Show View→Other，打开 Maven Repositories 标签页，eclipse 下方的状态信息区域将显示如图 1.5.11 所示的信息。

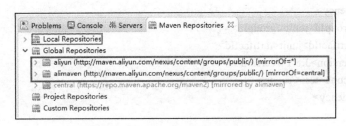

图 1.5.11　查看 Maven 使用的镜像仓库

1.6　Java 程序调试

1.6.1　单元测试 JUnit 4

为了测试类方法的正确性，可以使用 Java 的单元测试 JUnit 4。首先，需要对项目引用系统库 JUnit 4，其方法是：右键单击项目名→Build Path→Add Libraries→JUnit→JUnit 4，操作如图 1.6.1、图 1.6.2 和图 1.6.3 所示。

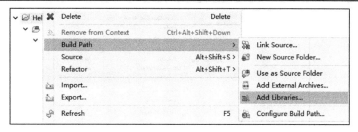

图 1.6.1　对 Java 项目添加库

图 1.6.2　选择 JUnit

图 1.6.3　选择 JUnit 4

此时，可查看库内的 jar 包（进一步可查看软件包及其内的类或接口），如图 1.6.4 所示。

图 1.6.4　查看库 JUnit 4 的 jar 包

类文件编码完成后，在要测试的方法前加上注解@Test。通过双击方式来选中某个方法名，然后使用右键快捷菜单 Run As→JUnit Test 来运行该方法。使用此运行方法来运行程序的过程，称为单元测试。一个使用 JUnit 4 进行方法单元测试的界面如图 1.6.5 所示。

注意：

（1）单元测试通过时，将出现绿条，否则出现红条。

（2）单元测试的优点是不必写很多含有 main() 方法的 Java 类来测试一个类的不同方法的正确性。

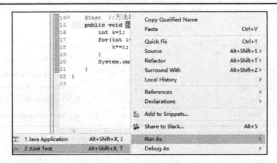

图 1.6.5　一个使用 JUnit 4 进行方法单元测试的界面

1.6.2　动态调试模式 Debug

为了跟踪程序的运行，通常需要使用动态调试模式（Debug），其原理是：在代码窗口左边的浅灰色区域双击，以设置断点（此时显示◎）或取消断点（双击◎），然后单击爬虫工具 🐞 ，从而以 Debug As 方式来运行程序。

在动态调试时，通过按 F6 键（单步方式）或 F8 键（直接跳到下一个断点），可以动态地观察内存变量（或对象属性）的值和控制台的输出结果，如图 1.6.6 所示。

图 1.6.6　一个动态调试界面

注意：

（1）动态调试方法可以单独使用，例如，对含有 main() 方法的 Java 程序应用 Debug 模式。

（2）使用 Debug 调试后，需要单击红色的停止按钮 ■，并重新选择 eclipse 视图。

（3）空指针异常（即使用了空值对象）是常见的运行错误，使用此模式容易检查出其原因。

习题 1

一、判断题

1．JDK 是 SDK 的一种。

2．一个可运行的 Java 程序，有且仅有一种 main() 方法。

3．只有 eclipse 可以开发 Java 程序。

4．同一类的不同实例的成员属性（或方法）占据不同的内存空间。

5．在 eclipse 中，Java 项目的默认包（default package）里创建的类文件，不会产生 package 指令。

6．为了测试一个类中某个方法的正确性，可使用 JUnit 进行单元测试。

二、选择题

1．下列表示 Java 运行时环境的是____。

  A．JDK   B．SDK   C．JRE   D．Java

2．编译 Java 源程序时产生相应的字节码文件的扩展名为____。

  A．java   B．.class   C．html   D．.exe

3．下列软件包中，不需要使用 import 指令就可直接使用的是____。

  A．java.lang   B．java.text   C．java.sql   D．java.util

4．编译 Java Application 源程序文件将产生相应的字节码文件，这些字节码文件的扩展名为_____。

  A．java   B．class   C．html   D．exe

5．打开 eclipse 的 Outline 面板，应使用菜单 Window 的____选项。

  A．Preferences   B．Navigation

  C．Show View   D．Perspective

6．在 eclipse 中设置保存源程序时自动编译，应选择____菜单。

  A．Refactor   B．Run   C．Project   D．Window

三、填空题

1．开发与运行 Java 程序需要经过的三个主要步骤为编辑源程序、____和解释运行字节码。

2．eclipse 代码自动补全的快捷键是____。

3．eclipse 自动导入包的快捷键是____。

4．eclipse 格式化源程序代码的快捷键是____。

5．文件 pom.xml 的标签 <dependency> 至少内嵌____个标签来定义 Maven 依赖包。

实验 1

一、实验目的

（1）掌握 JDK 的作用。

（2）掌握 eclipse 的基本使用。

（3）掌握 Java 类库及 API 的使用。

（4）掌握 Java 项目的创建、运行及调试方法。

（5）掌握 Java 的输入/输出方法。

（6）初步掌握 Java 面向对象的编程方法。

（7）在 eclipse 中增加 Maven 支持。

二、实验内容及步骤

1．认识 JDK、统一项目编码

（1）在 Windows 界面，右键单击"计算机"→"属性"→"高级系统设置"→"环境变量"。

（2）查看环境变量 Java_Home 的值（JDK 的安装路径）。

（3）查看环境变量 Path 的值，并与 Java_Home 的值比较。

（4）使用菜单"开始"→"运行"，输入命令 cmd 进入命令行方式。

（5）执行命令 java version，查看 JDK 版本信息。

（6）使用 NotePad 等编辑软件修改 eclipse 文件夹里的配置文件 eclipse.ini，增加一行设定编码的代码：

```
-Dfile.encoding=utf-8
```

2．在 eclipse 中新建一个名为 Hello 的 Java 项目

（1）启动 eclipse。

（2）使用菜单 File→New→Java Project（或在在包浏览器 Package Explorer 窗口空白处使用右键快捷菜单），命名项目名称为 Hello。

（3）右键单击 src，依次选择 New 和 Class，输入类名 HelloJava，勾选创建 main()方法。

（4）双击默认包下的类文件 HelloJava.java。

（5）在 main()方法体内输入 syso 并按回车键、填写方法参数（如"Hello, Java!"）。

（6）按快捷键 Ctrl+S 保存文件后，单击工具栏上的运行按钮 。

（7）查看控制台输出的信息。

3．程序设计扩展练习，初步掌握 OOP 思想（类与对象）

（1）在语句 System.out.println("Hello，Java!")前，加上双斜杠"//"注释该语句。

（2）在一个新行上写出代码 System.out；后按快捷键 Ctrl+1（自动补全），选择创建局部变量（local variable）out，其类型为 PrintStream。此时，程序头部出现 import 指令。

（3）对 out 对象应用类方法 println("Hello，Java!")。

（4）再次运行程序，控制台信息与之前相同。

（5）在 import 指令行，按快捷键 Ctrl+D 删除该行。此时，程序相关行出现错误提示 🔲。

（6）按快捷键 Ctrl+Shift+O 自动导入包，错误提示消失。

（7）按工具栏上的运行按钮，结果正确，如前所示。

4．搭建管理项目依赖包的 Maven 环境

（1）从本书配套教学网站（http://www.cs.wust.edu.cn/courses/java 或 http://www.wustwzx.com/java）Java EE（Web）开发课程下载专区下载"Apache Maven 3.5.2"压缩包并解压。

（2）使用 eclipse 菜单 Window→Preferences，在搜索文本框中输入 mav，选择 Installations，单击"Add"按钮，以浏览方式指定刚才解压的 Maven 文件夹的根路径。

（3）创建一个名为 TestMaven 的 Maven 项目，并使用 Java 骨架。

（4）展开项目依赖库 Maven Dependencies，可见含有文件 junit-3.8.1.jar。

（5）打开项目的配置文件 pom.xml，将依赖包 jnuit 的版本修改为 4.12 后保存。此时，从屏幕右下角可观察到绿色的下载进度条。

（6）再次查看项目依赖库 Maven Dependencies 中 junit 包的版本，可见已经更新。

三、实验小结及思考

（由学生填写，重点填写上机实验中遇到的问题。）

第 2 章

Java 语言基础

Java 作为一门编程语言,与其他的编程语言(如 C/C++语言)一样,具有标识符命名、关键字与保留字、变量定义、运算符、表达式、流程控制语句和数组等,既保持了大多数编程语言的编写习惯,又增加了 Java 自身的语法特征(如异常处理、单继承等)。本章的学习要点如下:

- 逐步掌握 Java 各关键字的含义;
- 掌握 8 种基本数据类型的特点(如占用内存的字节数等);
- 掌握引用数据类型的特点;
- 掌握基本数据类型对应的包装类的使用;
- 掌握作为引用类型的字符串的使用;
- 掌握作为引用类型的数组的使用;
- 掌握 Java 流程控制语句的使用;
- 掌握包 java.util 里常用类的使用;
- 掌握 Java 异常处理的用法。

2.1 标识符、关键字与保留字

2.1.1 标识符

Java 标识符是以字母、下画线或符号 $ 开头,后接字母、下画线、符号 $ 或数字。例如,下列标识符是有效的:

identifier、userName、User_name、_sys_varl、$change

标识符区分大小写,且没有规定最大长度。

标识符不能是关键字。例如,this 是一个关键字,它不能作为标识符。

注意:标识符不能包含算术运算符和空格。

2.1.2 关键字与保留字

Java 关键字是Java 语言规定的、有特别意义的标识符,有时又称为保留字。Java 关键字对 Java编译器有特殊的意义,它们用来表示一种数据类型,或者表示程序的结构等。关键字不能用作变量名、方法名、类名、包名和参数。Java 关键字如表 2.1.1 所示。

表 2.1.1　Java 关键字

abstract	do	implements	private	throw
boolean	double	import	protected	throws
break	else	instanceof	public	transient
byte	extends	int	return	true
case	false	interface	short	try
catch	final	long	static	void
char	finally	native	super	volatile
class	float	new	switch	while
continue	for	null	synchronized	
default	if	package	this	

保留字是为 Java 预留的关键字，有 goto 和 const 两个。Java 保留字至此还没有用到，它们在升级版本中可以作为关键字。

注意：

（1）关键字和保留字都是小写，如 true、false。

（2）所有类型的长度和表示是固定的，不依赖执行。

（3）无计算变量或类型占用内存字节数的 sizeof 运算符。

2.2　数据类型

数据是指能够通过人工或自动化装置输入计算机并能被计算机处理的符号（数字、字母、音频等）。数据是计算机程序处理的对象，与我们日常生活中所说的数字有很大的区别，数字只包括阿拉伯数字，而计算机中所讲的数据不仅包括数字，还包括字符、声音、动画、视频等。

程序中的数据都属于某一特定类型，数据类型决定了数据的表示方式、取值范围及可进行的操作。Java 数据类型分为基本数据类型和引用类型。

2.2.1　8 种基本数据类型

基本数据类型是由一种简单数据组成的数据类型，其数据是不可分解的，可以直接参与该类型所允许的运算。基本数据类型由 Java 语言预定义，类型名是关键字，如 int、float、char 和 boolean 等。

Java 语言提供了 8 种基本数据类型，包括 6 种数字类型（4 个整数型，2 个浮点型）、1 种字符类型和 1 种布尔型，如表 2.2.1 所示。

数字类型数据的最大值和最小值，已经封装到对应的包装类中了。例如，Integer.MAX_VALUE 表示 int 类型数据的最大值。

一个 char 代表一个 16 位无符号的 Unicode 字符，前缀是 "\u" 且后跟四位十六进制数，如 "\u0043" 表示字符 C；又如 "\u4e2d" 表示字符 "中"。

注意：在 JVM 内部，统一使用字符的 Unicode 编码。当它移到 JVM 外部（如进行文件写操作）时，就要使用某种字符编码方案（如 UTF-8、GBK 等）进行编码转换。

Boolean 类型可能的取值只有 2 个，即 true 和 false（小写）。

表 2.2.1　Java 基本数据类型

名　　称		关　键　字	字　节　数	数据范围
整数类型	字节型	byte	1	-2^7 至 2^7-1
	短整型	short	2	-2^{15} 至 $2^{15}-1$
	整型	int	4	-2^{31} 至 $2^{31}-1$
	长整型	long	8	-2^{63} 至 $2^{63}-1$
浮点类型	浮点型	float	4	1.40239846e-45f 至 3.40282347e+38f
	双精度型	double	8	4.94065645841246544e-324 至 1.79769313486231570e+308
字符类型		char	2	0 至 65535
布尔类型		boolean	1	

注意：

（1）对于基本数据类型的变量，在内存空间里存放的是它的值。

（2）数字值不能自动转换为布尔值。因此，不能使用非 0 代表逻辑真（与 C 语言不同）。

2.2.2　引用数据类型

Java 中除前面介绍的 8 种基本数据类型外都是引用类型。所有的 Java 系统类、数组和自定义类都属于引用数据类型。引用数据类型的变量，在内存中存储的是一个引用地址，这个地址指向对象的内存地址。例如，int 类型变量 m（假定值为 10）和 String 类型变量 name（假定值为张三）在内存中的状态，如图 2.2.1 所示。

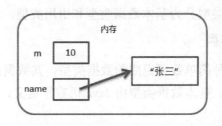

图 2.2.1　Java 基本数据类型与引用数据类型的比较

注意：在 Java API 中，定义了大量的类（含接口）类型，每个类又提供了大量的方法可供使用。

1．String 类型

在 Java 语言包 java.lang 中，定义了字符串类 String，也是一种常用的数据结构。一个 String 对象，表示由若干字符组成的序列。使用 String 类型的一个示例代码如下：

```
String name;                              //对象变量类型声明
name="张三";                               //变量赋值
//String name="张三";                      //与上面两条语句等效，简化用法
//String name=new String("张三");          //标准用法：使用类的构造方法
System.out.println(name +":"+name.length()); //使用对象及其具有的方法
```

2．StringBuffer 类型

String 类型的字符串在创建之后不能再做修改，允许字符串在创建之后可以更改的字符串类型是 StringBuffer。

StringBuffer 表示可扩充、可修改的字符序列，是可变长的字符串。StringBuffer 可有插入其中或追加其后的字符或子字符串，StringBuffer 可以针对添加内容自动地增加空间，并增加更多的预留字符。使用 StringBuffer 类型的一个示例代码如下：

```
StringBuffer country = new StringBuffer("china\n");
country.append("中国");                    //追加字符串
System.out.println(country);
```

注意：对 StringBuffer 对象应用类方法 append(String str)完成字符串的追加。

3．StringTokenizer 类型

类 java.util.StringTokenizer 用于将某个字符串按照指定的分隔符分解成若干独立的子串。默认的分隔符是空格符、换行符、回车符、Tab 符等。使用 StringTokenizer 类型的一个示例代码如下：

```
String course = "Java,Java EE,Android";
StringTokenizer st = new StringTokenizer(course,",");  //分词类
while(st.hasMoreTokens()) {
        System.out.println(st.nextToken());              //遍历
}
//另一种实现方式
String[] strings = course.split(",");                   //字符串分割
for(String str:strings) {
        System.out.println(str);
}
```

注意：

（1）StringTokenizer 常用于 Web 信息检索中的分词处理。

（2）String 类方法 split() 的功能与 StringTokenizer 类似。

（3）接口 java.lang.CharSequence 对 char 值序列提供了统一的访问方法。

2.2.3　包装类

在编程中，经常会涉及数据类型的转换（如数字字符串到数值型的转换等）。为此，Java 语言不把基本数据类型看作对象，而针对 8 种基本数据类型都有相应的包装类，如表 2.2.2 所示。

表 2.2.2　Java 基本数据类型对应的包装类

基本数据类型	包　装　类	基本数据类型	包　装　类
boolean	Boolean	int	Integer
byte	Byte	long	Long
char	Character	float	Float
short	Short	double	Double

包装类都有自己的属性和方法，如 Integer.parseInt() 方法、Integer.MAX_VALUE 属性。将被包裹的值传递到对应包装类对象中，称为装箱操作。例如：

```
int a = 100;
Integer i = new Integer(a);          //构造包装类对象（直接写为 i=a;也可）
String price="98.5";
float f = Float.parseFloat(price);   //使用包装类 Float
System.out.println(f);
```

可以通过 intValue() 方法将包装类变成基本类型，即拆箱操作。例如：

```
int    theInt = new Integer(200).intValue();
```

注意：

（1）包装类提供了基本数据类型之间的转换方法。

（2）在 Java API 中，许多方法的参数为对象类型而不是基本数据类型。

2.2.4　强制转换类型

在Java项目的实际开发和应用中，常常需要进行对象类型的转换。强制类型转换是为了防止程序员在不知情的情况下把 A 类型数据错当成 B 类型数据。将一种类型的值赋给另一类型的变量是很常见的，如果这两种是兼容的，那么 Java 将执行自动转换，例如，将 int 类型赋值给 long 类型的变量总是可行的。但不是所有的类型都兼容。例如，没有将 double 类型转换为 byte 类型的定义。

在 Java API 中，有些方法的返回值为 Object 类型。为了便于进一步处理，需要明确其类型，此时，需要做强制类型转换，一个示例代码如下：

```
List list=new ArrayList<>();         //未使用泛型造成类型不安全
list.add(123);
int a=(int)list.get(0)+200;          //方法 get() 的返回值类型为 Object
```

注意：

（1）Object 是所有对象类型的基类，将任意类型的对象可以直接向上转型为 Object 类型。

（2）向下转型可能存在信息丢失，如将 double 类型转换成 int 类型。

2.3　运算符与表达式

运算符指明对操作数的运算方式。Java 运算符按照其要求的操作数的数目，可分为单目运算符、双目运算符和三目运算符，它们分别对应于 1 个、2 个、3 个操作数。Java 运算符按其功能来分，有算术运算符、赋值运算符、关系运算符、逻辑运算符、位运算符和其他运算符。Java 运算符如表 2.3.1 所示。

表 2.3.1　Java 运算符

运　算　符	描　述	优　先　级
.　[]　()	点运算，数组下标，括号	
++　--　-　!　~	单目运算	
new　(type)	分配空间，强制类型转换	
*　/　%	算术乘、除、求余运算	
+　-	算术加减运算	
<<　>>　>>>	位运算	
<　<=　>　>=　instanceof	小于，小于等于，大于，大于等于	
==　!=	相等，不等	
&　^　|	按位与，按位异或，按位或	
&&　||	逻辑与，逻辑或	
?:	条件运算符	
=　*=　/=　%=　+=　-=　<<=　>>=　>>>=　&=　^=　|=	赋值运算	

数据通过运算符连接起来的式子称为表达式。

注意：

（1）双等号 "==" 是关系运算符，用于基本数据类型值相等或两个对象引用地址是否相同的判定；而 Object 的 equals() 方法常用于判定两个字符串对象的值是否相同。

（2）new 运算符用于创建某个类的实例对象，在堆栈中分配其空间。

（3）点运算符 "." 用于获取对象的属性或应用对象的方法。

（4）运算符 "[]" 用于定义数组类型获取数组元素。

（5）括号运算符 "()" 用于运算的优先级和类型强制转换。

（6）instanceof 用于判断两个对象是否为同一个类型。

（7）在通常的 Java 开发中，位运算不是很常见，多用于底层开发和加密技术等。

2.4 流程控制语句

2.4.1 条件语句 if

if 语句用于条件执行，可分为单分支语句、双分支语句和多分支语句三种。

单分支语句的用法格式如下：

```
if(exp){
    statement;          //exp 的值为真时才执行
}
//后继语句;               //无条件执行的语句
```

双分支语句用于二选一，其用法格式如下：

```
if(exp){
    statement1;         //exp 的值为真时执行
}else{
    statement2;         //exp 的值为假时执行
}
//后继语句;               //无条件执行的语句
```

多分支语句用于多选一的情形，其用法格式如下：

```
if(exp1){
    statement1;
}else if(exp2){
    statement2;
}else if(exp3){
    statement3;
}
…
else if(exp n){
    statement n;
}else{
    statement n+1;
}
//后继语句;   //无条件执行的语句
```

注意：多分支语句实质上是基本分支语句的嵌套。

2.4.2 开关语句 switch

开关语句可用于多选一的情形，其用法格式如下：

```
switch(表达式){
    case   常量表达式 1:
                    语句组 1;
                    break;
    case   常量表达式 2:
```

```
                    语句组 2；
                    break；
        …
        default：
                    语句组 n；
}
//后继语句；  //无条件执行的语句
```

注意：

（1）执行开关语句时，遇到 break 语句就终止 switch 执行语句，转到后继语句。

（2）case 常量表达式均不满足时，执行 default 语句组。

2.4.3　循环语句 for/while/do…while

循环结构有 for、while 和 do…while 等多种格式。for 循环的语法格式如下：

```
for(exp1;exp2;exp3){      //表达式 exp1 仅执行一次（初始化）
    循环体语句            //当 exp2 为真时才执行，然后执行 exp3，再次执行 exp2
}
//后继语句
```

注意：当 exp2 为假时，将终止循环的执行。

while 循环的语法格式如下：

```
while(exp){              //当 exp 为真才执行循环体
    循环体语句
}
//后继语句
```

do…while 循环的语法格式如下：

```
do{
    循环体语句
}while(exp);            //当 exp 为假时将执行后继语句
//后继语句
```

注意：do…while 语句是先执行循环体再判断条件，因此，循环体至少执行一次。

2.4.4　中断语句 continue /break/return

continue 语句可用于循环体中，如果程序执行到 continue 语句，则结束本次循环，回到循环条件处，判断是否执行下一次循环。

从 2.4.2 节看到，break 语句用于 switch 语句体。实际上，它还能应用于循环体内。当程序执行到 break 语句时，立即退出 switch 语句体或循环体。

注意：在循环体内，通常使用 if 语句来检测某种条件是否成立。当条件成立时，使用 break 语句可以提前终止循环，即程序执行到循环语句的后继语句。

return 语句的功能是结束方法而返回到调用处执行后继语句。

注意：

（1）break 语句跳出最近的一层，而 return 语句没有层数的限制。

（2）对于有返回值的方法，必须使用 return 语句。

2.5　数组及其遍历

Java 数组作为引用数据类型，使用运算符 new 动态分配内存空间，并内置属性 length 用来表示该数组的大小。即通过 arrName.length 来访问数组的大小。其中，arrName 为数组名（对象）。

作为引用类型的数组，要求所有元素都属于同一种数据类型（基本类型或引用类型），并且有固定的大小，通过数组名和下标来访问数组元素。

java.util 包提供了操作数组的标准类 Arrays，它提供了若干操作数组的静态方法，如图 2.5.1 所示。

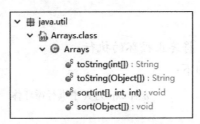

图 2.5.1　Java 提供的与数组相关的类 Arrays

注意：对象数组是指它的元素不是基本数据类型，而是对象。即对象数组中的每个元素都是某个类的实例对象。

2.5.1　一维数组的创建及其遍历

创建和使用一维数组的示例代码如下：

```
int[] a;
a = new int[5];
//int[] a = new int[5];
for(int i=0;i<a.length;i++){
        a[i]=(int)(Math.random()*100);        //产生 0 至 100 之间的正整数
        System.out.println(a[i])
}
String[] cities= {"北京","上海","武汉"};        //数组初始化时就确定了大小
for(String city:citys) {
        System.out.println(city);
}
```

2.5.2　二维数组的创建及其遍历

创建和使用二维数组的示例代码如下：

```
int[][] a1={ {1,2,3},{4,5,6} };                //2 行、3 列
for(int i=0;i<2;i++) {
        for(int j=0;j<3;j++) {
                System.out.print(a1[i][j]+"    ");
        }
        System.out.println();
}
int[][] a2={ {1,2,3},{4,5} };                  //不定长二维数组
int[][] a3=new int[2][];                       //先指定第一维
a3[0] = new int[] {1,2,3};                     //再指定第二维
a3[1] = new int[] {4,5,6};

int[][] a4=new int[][3];                       //错误的定义方法
```

注意：程序中最后一行导致的错误信息为"不能在空维度之后指定数组维度"：

Cannot specify an array dimension after an empty dimension

2.6　与日期、时间、数学相关的类

2.6.1　Date 类

java.util.Date 包装了一个 long 类型数据，表示与 GMT（格林尼治标准时间）1970 年 1 月 1 日 00:00:00 这一时刻所相距的毫秒数。

Date 类以毫秒数来表示特定的日期和时间，并提供了构造方法和获取日期与时间等信息的相关方法。

2.6.2　DateFormat 类和 SimpleDateFormat 类

java.util.Date 类虽然取得的时间是一个非常正确的时间，但其显示格式不理想，不太符合中国人的习惯，因此常需要对其进行格式化操作，变为符合中国人习惯的日期时间格式。java.text.DateFormat 抽象类就可以用于定制日期的格式。

DateFormat 类是一个抽象类，无法直接实例化，但在此抽象类中提供了一些静态方法，可以直接取得本类的实例，常用的方法是 getDateInstance() 和 getDateTimeInstance()。DateFormat 类的 parse(String text) 方法可以实现按照特定的格式把字符串解析为日期对象。

SimpleDateFormat 是 DateFormat 的子类，它允许用户更具体地定制日期时间的格式。

2.6.3　Calendar 类和 GregorianCalendar 类

Date 类不允许单独获得日期或时间分量。Java 类库为完善此功能，定义了抽象类 Calendar。它提供了一组方法允许将以毫秒为单位的时间转换为一组有意义的分量，比如：年，月，日，小时，分钟和秒钟。GregorianCalendar 类是 Calendar 类的一个具体子类，提供了世界上大多数国家/地区使用的标准日历系统。

一个示例代码如下：

```
Date dt = new Date();                                    //创建表示当前日期与时间等信息的对象
System.out.println(dt);
//创建格式化日期与时间的对象
SimpleDateFormat f = new SimpleDateFormat("yyyy-MM-dd HH:mm:ss");
System.out.println(f.format(dt));                        //格式化 date 对象

Calendar calendar = Calendar.getInstance();              //日历类封装了较多的信息

System.out.println(calendar);
int temp = Calendar.YEAR;                                //符号常量
System.out.println(calendar.get(temp));                  //获得年份
System.out.println(calendar.getTime());                  //获得日历对象里的日期与时间信息

//获取时间戳的三种方法

System.out.println(System.currentTimeMillis());
System.out.println(Calendar.getInstance().getTimeInMillis());   //
System.out.println(new Date().getTime());
```

上述程序的运行结果如图 2.6.1 所示。

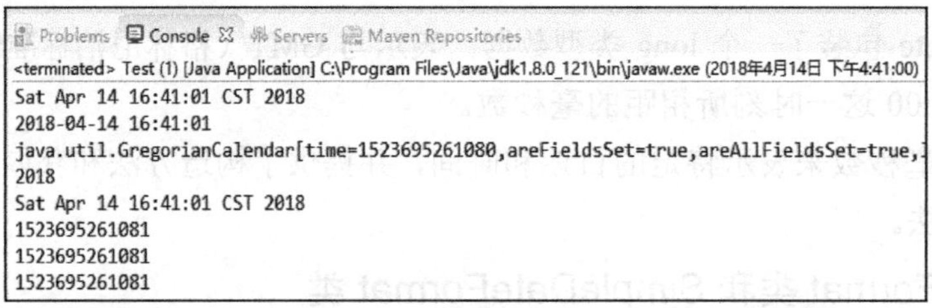

图 2.6.1　程序运行结果

2.6.4　Math 类

Math 类用来完成一些常用的数学运算，它提供了若干实现不同标准数学方法的方法。这些方法都是 static 方法，因此在使用时不需要创建 Math 类的对象，而是直接用类名作为前缀就可以调用它们。此外，Math 类还提供了两个静态常量：E（自然对数）和 PI（圆周率），当需要时可以直接用 Math.E 或 Math.PI 来引用它们，E 的近似值为 2.7182818，PI 的近似值为 3.1415926。终结类 Math 定义的示意图，如图 2.6.2 所示。

注意：

（1）无参的随机数产生方法 random() 的返回值类型是 double。

（2）取整方法 round() 的返回值类型与参数值类型相关（方法重载，参见 3.1.5 节）。

（3）取两个数中的较大值的方法是 max()，取较小值的方法是 min()。

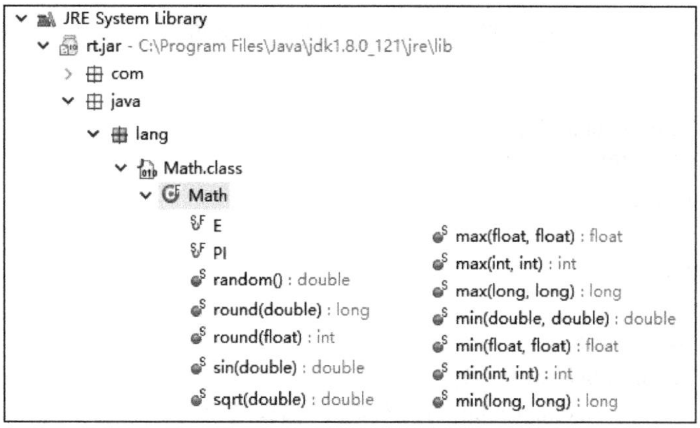

图 2.6.2　终结类 Math 的常用成员（属性和方法）

2.7　异常处理与异常类

为使得应用程序更健壮，对用户更友好，应该进行必要的异常处理。异常处理机制是指当程序出现错误后，程序如何处理。异常处理就是在异常发生后，应用程序能够转移到一个安全状态，使得系统能够恢复控制权或降级运行或正常结束程序运行，不至于使系统崩溃或死机，并且尽可能地保存数据、避免损失。

如果存在异常但又不处理，则程序会出现异常崩溃（自动终止）并输出错误信息。例如，一个存在运行时异常的示例程序代码如下：

```java
public class Test {
    public static void main(String args[]) {
        int i = 0;
        String greetings[] = { "Hello world!", "No, I mean it!", "HELLO WORLD!!" };
        while (i < 4) {
            System.out.println(greetings[i]);
            i++;
        }
        System.out.println("处理完毕");
    }
}
```

该程序的运行结果如图 2.7.1 所示。

```
Hello world!
No, I mean it!
HELLO WORLD!!
Exception in thread "main" java.lang.ArrayIndexOutOfBoundsException: 3
        at com.dh.ch02.Test.main(Test.java:11)
```

图 2.7.1　一个存在运行时异常的程序的运行结果

传统的异常处理方法是调用某个方法程序来分析错误，即将程序代码与处理异常代码混在一起，导致程序的可读性降低。例如，输入一个百分制有效成绩的代码如下：

```
…
int checkScore(double s) {
    if(s<0||s>100) return −1;
    else return 1;
}
void inputScore( ){
    do{
        输入成绩 s;
        if( checkScore(s)==−1){
            System.out.println("请输入 0-100 的成绩");
        }else {
            System.out.println("有效数据");
            break;
        }
    while(1)
    …
}
```

2.7.1 Java 内置异常

语言包 java.lang 定义了若干异常类型，其中多数从 RuntimeException 派生的异常都是不受控异常，即它们会被 JVM 自动捕获和处理。不受控异常如表 2.7.1 所示。

表 2.7.1 语言包 java.lang 中定义的不受控异常

异　　常	说　　明
ArithmeticException	算术错误，如被 0 除
ArrayIndexOutOfBoundsException	数组下标出界
ArrayStoreException	数组元素赋值类型不兼容
ClassCastException	非法强制转换类型
IllegalArgumentException	调用方法的参数非法
IllegalMonitorStateException	非法监控操作，如等待一个未锁定线程
IllegalStateException	环境或应用状态不正确
IllegalThreadStateException	请求操作与当前线程状态不兼容
IndexOutOfBoundsException	某些类型索引越界
NullPointerException	非法使用空引用
NumberFormatException	字符串到数字格式非法转换
SecurityException	试图违反安全性
StringIndexOutOfBounds	试图在字符串边界之外索引
UnsupportedOperationException	遇到不支持的操作

编译器对不受控异常没有捕获或声明的强制要求。如果对不受控的异常不做处理，也可能出现运行时错误。例如，数组索引超出数组界限，则 ArrayIndexOutOfBoundsException 异常就会抛出。同样，除数为 0，则 ArithmeticException 异常也会抛出。但是，我们也可以对不受控异常提供合适的异常处理代码。

还有一些异常类型，它们必须由 try…catch 进行捕获和处理，或者若不用 try…catch 捕获则应包含在方法声明的 throws 列表中，由方法的调用者进行捕获和处理，否则，编译将不能通过。这样的异常称为受控异常。Java 受控异常如表 2.7.2 所示。

表 2.7.2　包 java.lang 中定义的受控异常

异　　常	意　　义
ClassNotFoundException	找不到类
CloneNotSupportedException	试图克隆一个不能实现 Cloneable 接口的对象
IllegalAccessException	对一个类的访问被拒绝
InstantiationException	试图创建一个抽象类或者抽象接口的对象
InterruptedException	一个线程被另一个线程中断
NoSuchFieldException	请求的字段不存在
NoSuchMethodException	请求的方法不存在

注意：

（1）受控异常即为必须处理的异常，否则，编译不能通过。

（2）必须处理的异常，可参见第 4 章中的多线程、第 7 章中的 Java I/O、第 8 章中的网络编程和第 9 章中的 JDBC 编程等内容。

Java 把异常当作对象来处理，并引入了异常类 Exception 的概念。每个异常类都对应着一种常见的运行错误，类中包含这个运行错误的信息和处理错误的方法等相关内容。

Java 异常类层次结构如图 2.7.2 所示。

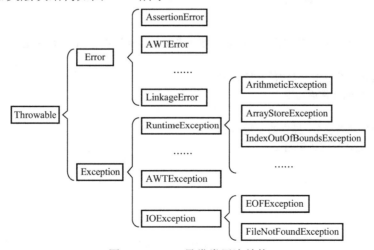

图 2.7.2　Java 异常类层次结构

在 Java 中，定义了一个基类 java.lang.Throwable 作为所有异常的父类。所有异常类都是 Throwable 类的子类。Throwable 类派生了两个子类，Error（错误）和 Exception（异常）。其中，Error 类由系统保留。Error 类是程序无法处理的错误，它描述了 Java 程序运行期间系统内部的错误及资源耗尽的情况。因此，当遇到这些异常时，Java 虚拟机会选择线程终止，Java 程序不做处理。而 Exception 类是应用程序本身可以处理的异常。

Exception 类分为两大类：运行时异常和非运行时异常。

运行时异常是指 RuntimeException 及其衍生出来的子类异常（如 ArithmeticException、ArrayStoreException 等）。这些异常在进行代码编译时编译器不会检查是否进行了异常处理，它们一般是由程序逻辑错误引起的，如在进行算术运算时除数为 0。

非运行时异常指的是 RuntimeException 以外的 Exception 子类（如 IOException、SQLException 等）及这些异常衍生出来的子类异常（如 EOFException）。这些异常一般是由于不可预测因素造成的，使得语法正确的程序出现了问题。

RuntimeException 一般是由编程错误产生的，出现这类异常时，程序员需调试程序以消除这类异常，此类异常一般包括错误的类型、数组越界存取、空指针访问等。

衍生自 Exception 的其他子类的异常一般是由于不可预测因素造成的，使得语法正确的程序出现了问题，此类异常一般包括试图越过文件尾继续存放、试图打开一个错误的 URL 等。

当 Java 程序运行过程中发生一个可识别的运行错误时，系统会封装一个相应的该异常类的对象，当异常对象产生后就将其抛到其调用程序中，并发出已经发生问题的信号，然后调用方法捕获抛出的异常。使用这种方式处理异常，可避免产生死循环、数据遗失等损害，从而保证整个程序运行的安全性。

2.7.2　Java 异常处理

Java 提供了 try…catch…fanally 语句用于主动异常处理。try…catch…finally 异常处理语句的完整语法结构如下：

```
try{
    //需要监视异常的代码块，该区域如果发生异常就匹配 catch 来决定程序如何处理
}
catch(异常类型 1  异常的变量名 1){
    //处理异常语句组 1
}
catch(异常类型 2  异常的变量名 2){
    //处理异常语句组 2
} ……
finally{
    //最终执行的语句组
}
```

try 代码块中包含了可能抛出异常的代码段，该代码段就是捕获并处理异常的范围。

在运行过程中，该段代码可能会产生并抛出一个或多个异常。在没有 finally 配合时，每个 try 子句后面必须跟随一个或多个 catch 子句，catch 子句用于捕获 try 代码块所产生的异常并对其进行处理。如果没有产生异常，其后所有的 catch 代码块都会被跳过而不被执行。

catch 子句有一个 Throwable 类型的参数，用于声明可捕获异常的类型。程序运行时，当 try 代码块产生异常时，被抛出的异常对象会被类型匹配的 catch 子句捕获。catch 子句的目的是解决异常情况，并且像错误没有发生一样使程序能继续运行下去。

程序设计时，一般应该按照 try 代码块中异常可能产生的顺序及其真正类型来进行捕获和处理，尽量避免选择最一般的类型作为 catch 子句中指定要捕获的类型。一旦被抛出的异常与某一个 catch 子句匹配，就不再与其他 catch 子句进行匹配。

finally 子句为异常处理提供了统一的出口，能够对程序的状态进行统一的管理。无论 try 代码块中是否抛出异常，或者 catch 子句的异常类型是否与所抛出的异常的类型匹配，finally 子句都将在其他语句执行后执行。一般来说，在 finally 子句中可以进行资源清理工作，如数据库读写操作（查询、添加、修改等）完毕后，可以在 finally 子句关闭数据库连接对象。finally 子句是可以省略的。

如果方法中的某一语句抛出一个没有在相应的 try…catch 块中处理的异常，那么这个异常就被抛到调用方法中，如果异常也没有在调用方法中被处理，那么它被抛到该方法的调用程序中，这个过程要一直延续到异常被处理。如果异常至此仍未被处理，它便回到 main() 方法，若 main() 方法仍不处理，那么程序就会异常地中断，并且打印错误堆栈轨迹。

一个处理异常的示例代码如下：

```java
public class TestException {
    public static void main(String[] args) {
        int i = 0;
        String greetings[] = { "Hello world!", "No, I mean it!", "HELLO WORLD!!" };
        try {
            while (i < 4) {
                System.out.println(greetings[i]);
                i++;
            }
        } catch (ArrayIndexOutOfBoundsException e) {
            System.out.println("数组下标越界啰！");
        } finally {
            System.out.println("处理完毕");
        }
    }
}
```

注意：

（1）所有异常类的类名均以 Exception 结束。

（2）通用异常处理语句是 catch (Exception e){ e.printStackTrace();}。

（3）一个 try 块可能有多个 catch 块，每一个 catch 块处理不同的异常。此时，由上到下只匹配其中的一个异常类，而不会再执行其他 catch 块。

（4）finally 语句定义一个总是要执行的代码块，而不考虑异常是否被捕获。

（5）try、catch 和 finally 三个语句块都不能单独使用，它们可以形成 try…catch…finally、try…catch 和 try…finally 三种组合。

2.7.3 使用 throws 抛出异常

前面介绍的 try…catch…finally 结构，用于自己处理一段代码可能存在的异常。实际上，使用关键字 throws 可以把某种方法中可能存在的异常抛给调用该方法的那一层来处理。一个使用 throws 的示例代码如下：

```java
public class ThrowsTest {
    static void method() throws NullPointerException {    //
        String str = null;
        int    strLength = str.length();
        System.out.println(strLength);
    }
    public static void main(String[] args) {
        try {
            method();
        } catch (NullPointerException e) {
            System.out.println("NullPointerException 异常");
            //e.printStackTrace();
        }
    }
}
```

注意：

（1）throws 出现在方法头。

（2）throws 表示出现异常的一种可能性，并不一定会发生这些异常。

（3）throws 是消极的异常处理方式，因为异常是由方法的上层调用处理的。

习题 2

一、判断题

1. 在 Java 中，String 是一种基本数据类型。

2. 字符串与其他类型变量不能进行"+"运算。

3. 字符串常量使用一对单引号来表示。

4. 三种类型 char、byte 和 int 对于西文字符，可以相互转化。

5. "China".contains('in')是正确的 Java 表达式。

6. 使用数组元素前，必须已经指定数组的大小。否则，会出现空指针异常。

7. Math 类提供了与数学相关的方法，它们都是静态的，通过类名直接调用。

8. 类 StringBuffer 和类 StringTokenizer 都位于语言包 java.lang。

9. Java 数组只能存储基本类型的数据而不能存储引用类型的数据。

二、选择题

1. 下列整数类型中，占用字节数最小的是____。

   A．short　　　　　　　B．int　　　　　　　　C．byte　　　　　　　D．long

2. 下列不属于 Java 基本数据类型的是____。

   A．对象型　　　　　　B．整型　　　　　　　C．字符型　　　　　　D．布尔型

3. 下列一维数组的定义中，错误的是____。

   A．int[] a={ 1,2,3,4,5 };

   B．int a[] ={ 1,2,3,4,5 };

   C．int a[5]={ 1,2,3,4,5 };

   D．int[] a=new int[5];for(int i=0;i<a.length;i++) a[i]=i+1;

4. 类 String 提供的下列方法中，返回值不是 String 类型的是____。

   A．charAt()　　　　　　　　　　　　B．substring()

   C．concat()　　　　　　　　　　　　D．toLowerCase

5. 下列程序段执行后的结果是____。

```
String s = new String("abcdefg");
for (int i=0; i<s.length(); i+=2){
    System.out.print(s.charAt(i));
}
```

   A．aceg　　　　　　　B．ACEG　　　　　　　C．abcdefg　　　　　　D．abcd

6. 下列二维数组的定义中，错误的是____。

   A．int[][] a={ {1,2,3},{4,5} };　　　　　　B．int[][] a={ {1,2,3},{4,5,6} };

   C．int[][] a=new int[2][];　　　　　　　　D．int[][] a=new int[][3];

7．Java 异常处理用法中，错误的是____。

    A．try...catch   B．try...finally

    C．catch...finally   D．try...catch...finally

8．下列哪个是 Java 中的标识符____。

    A．public   B．super   C．number   D．width

9．下列修饰符中与访问控制无关的是____。

    A．private   B．public   C．protected   D．final

10．关于方法 main() 的下列说法中正确的是____。

    A．方法 main() 只能放在公共类中

    B．main() 的头定义可以根据情况任意更改

    C．一个类中可以没有 main() 方法

    D．所有对象的创建都必须放在 main() 方法

三、填空题

1．Java 基本数据类型中，占用内存字节数最小的是 boolean 和____两种类型。

2．Java 的 char 类型数据采用 Unicode 编码方案，占用的内存字节数为____。

3．若 x = 5，y = 10，则 x >= y 的逻辑值为____。

4．Java 提供的用于创建字符串并能动态修改的类名是 ____。

5．假定 int[][] a={ {1,2,3},{4,5} };，则 a.length 为____，a[0].length 为____，a[1].length 为____。

6．Java 中布尔类型的常量有两种，它们是 true 和____。

7．Java 中用于定义小数的关键字有两个：float 和____，后者精度高于前者。

8．导入 mypackage 包中的所有类的命令是____。

实验 2

一、实验目的

（1）掌握 Java 的 8 种基本数据类型和引用类型（特别是字符串和数组）的使用。

（2）掌握 Java 日期与时间类、数学类及其相关类的用法。

（3）掌握 Java 中一维数组和二维数组的应用。

（4）掌握 Java 流程控制语句的用法。

（5）掌握 Java 的输入/输出方法。

（6）初步掌握 Java 异常处理的方法。

二、实验内容及步骤

访问上机实验网站（http://www.wustwzx.com/java），单击“2. Java 语言基础”的超链接，下载本实验内容的源代码，解压得到项目文件夹 Java_ch02。

1．eclipse 控制台输入/输出、基本数据类型与引用类型

（1）在 eclipse 中导入项目 Java_ch02。

（2）打开源程序 Ex2_1.java，查看获取控制台输入的实现代码。

（3）查看求字符串长度、子串包含判定和子串位置查找的方法。

（4）查看实现字符反序输出的代码。

（5）运行程序，输入字符串“China，中国”，将输出结果与源代码对照。

2．高级特性：关键字（修饰符）final 与 static

（1）打开程序 Ex2_2.java 并运行，在控制台中输入圆的半径 3.2 后查看控制台结果。

（2）查看定义符号常量 PI 时使用的关键字 final。

（3）查看静态方法 String.format() 实现变量值的格式化输出。

3．日期/时间类及相关类的使用（Java API 分析）

（1）打开程序 Ex2_3.java 并运行。

（2）查看使用 Date 类创建日期与时间对象的代码。

（3）查看使用 SimpleDateFormat 类格式化日期与时间的方法。

（4）查看使用日历类 Calendar 获取年月日等信息的方法。

（5）查看使用日历类 Calendar 获取时间戳的方法。

（6）比较 Date 类和 Calendar 类的异同。

4．Java 字符串处理类

（1）打开程序 Ex2_4.java 并运行。

（2）比较双等号“==”与方法 equals() 的用法区别。

（3）查看类 StringBuffer 实现字符串更新的用法。

（4）查看类 StringTokenizer 实现字符串的用法。

5．Java 流程控制语句

（1）打开程序 Ex2_5.java 并运行，查看控制台输出结果。

（2）体会顺序结构、选择结构（if 和 switch）和循环结构（for 和 while）的差异。

6．Java 异常处理

（1）打开源程序 Ex2_6.java，运行存在异常（数组下标越界）但没有处理的程序，体会 Java 程序异常。

（2）打开源程序 Ex2_6a.java，运行定义方法处理异常的程序，评价程序的可读性。

（3）打开源程序 Ex2_6b.java，运行 try...catch 语句处理异常的程序，与之前的方法进行比较。

三、实验小结及思考

（由学生填写，重点填写上机实验中遇到的问题。）

第 3 章

Java 面向对象的程序设计

前面介绍的 Java 程序的 main() 方法使用到了 Java 语言提供的基本类。本章将系统地介绍 Java 面向对象的程序设计，运用 OOP 思想自行设计类与接口，编写优雅而通用的 Java 程序。学习要点如下：

● 掌握 Java 类的声明、类及其成员的访问控制设置；

● 掌握 Java 类方法的重载；

● 掌握 Java 类的继承及方法重写；

● 掌握使用 Java 抽象或接口实现多态的方法；

● 使用 Java 类的高级特征。

3.1　面向对象基础

3.1.1　包与类的声明

为了实现程序的分类组织，需要使用包声明语句，以将 Java 类存放到特定的包中。

在 eclipse 中创建类文件之前，需要先确定其存放位置。如果存放在 src 根目录下，系统则自动保存到默认包（default package）里，此时源程序里没有 package 语句。否则，需要先在 src 根目录下创建一个包名，文件保存至该包时，系统自动加上 package 语句。

例如，在项目 src 下创建一个名为 wust.cs 的包，并在该包里新建一个 Stuff 类时，其源程序里将自动产生 package 语句，其代码如下：

```
package wust.cs;          //自动生成包语句
public class Stuff{
    ......
}
```

保存源文件时，系统将自动编译、并将生成的 Stuff.class 文件保存至 eclipse 工作空间\项目文件夹\bin\wust\cs。Stuff 类的完整名称为 wust.cs.Stuff。

注意：

（1）一个 Java 源文件最多只能包含一条 package 语句。

（2）当 Java 源文件存放在 src 根目录下的某个包时，则源文件的第一行（注释行忽略）为 package 语句。

（3）当 Java 源文件存放在 src 根目录时，源文件中不会有 package 语句。或者说，文件存放在没有包名的默认包里。系统使用专用的包名 default package 表示对应于 src 根路径的默认包。

（4）如果 Java 源文件中包含了多个类或接口的定义，则会编译成多个类或接口对应的.class 文件，它们都位于相同的包。

【例 3.1.1】 自定义矩形类。

一个矩形有长和宽两个属性，也有求面积、周长等方法。矩形类源程序代码如下：

```java
public class Ex3_1 {
    private double length;                    //私有属性
    private double width;                     //私有属性
    public Ex3_1(double l, double w) {        //公有构造方法
        length = l;
        width = w;
        //方法参数可以与类属性同名。此时，需要使用关键字 this
    }
    public double getPerimeter() {            //公有的成员方法
        return 2 * (length + width);
    }
    public double getArea() {
        return length * width;
    }
    public void showSize() {
        System.out.println("length=" + length + ", width=" + width);
    }
    public static void main(String[] args) {
        Ex3_1 r1 = new Ex3_1(3.5, 4);         //创建类的实例对象
        r1.showSize();
        System.out.println("此矩阵的面积是："+r1.getArea());
    }
}
```

程序的运行结果如图 3.1.1 所示。

```
length=3.5, width=4.0
此矩阵的面积是：14.0
```

图 3.1.1 程序的运行结果

3.1.2 类的构造方法与析构方法

构造方法，它的作用是创建对象并初始化成员变量。在创建对象时，会自动调用类的构造方法。构造方法定义规则为：Java 中的构造方法必须与该类具有相同的名字，并且没有方法的返回类型（包括没有 void）。另外，构造方法一般都应用 public 类型来说明，这样才能在程序任意的位置创建类的实例——对象。

注意：若类中未定义构造方法，则会自动添加一个默认的无参构造方法。

在 Java 编程里，一般不需要我们去写析构方法，当垃圾回收器将要释放无用对象的内存时，先调用该对象的 finalize() 方法。如果在程序终止前垃圾回收器始终没有执行垃圾回收操作，那么垃圾回收器将始终不会调用无用对象的 finalize() 方法。在 Java 的 Object 基类中提供了 protected 类型的 finalize() 方法，因此任何 Java 类都可以覆盖 finalize() 方法，通常，在析构方法中进行释放对象占用的相关资源的操作。

3.1.3　使用 this 关键字

Java 关键字 this 用来表示对当前对象的引用。例如，当方法参数和成员变量同名时，通过前缀 this. 来表明是使用类的成员变量。

注意：若有类的成员变量与方法的局部变量同名，则局部变量会将成员变量屏蔽掉，使用 this 引用来显式引用类的成员变量，解决了名称冲突问题。

在后继课程（如 Android 编程）的学习中，经常会使用内部类和匿名类（参见 3.4.3 节）。由于在匿名类中使用 this 时，它指示的是匿名类或内部类本身。因此，如果要在内部类里使用外部类对象，则应使用"外部类类名.this"这种形式。

【例 3.1.2】　使用 this 关键字示例。

源程序代码如下：

```
public class Ex3_2 {                          //外部类
    int n = 100;
    public void show(){
        A a = new A();
        a.foo();
    }
    class A{                                  //内部类
        public int n = 200;
        void foo(){
            System.out.println("Demo::A::foo(): " + n);
            //内部类需要用到外部类的成员或方法
            System.out.println("Demo.this.n : " + Ex3_2.this.n);
        }
    }
    public static void main(String[] args) {
        //在外部类使用内部类的方式一
        new Ex3_2().show();
        //在外部类使用内部类的方式二
        A a = new Ex3_2().new A();
        // Ex3_2.A a = new Ex3_2().new A();
        System.out.println(a.n);
    }}
```

程序的运行结果如图 3.1.2 所示。

```
Demo::A::foo(): 200
Demo.this.n : 100
200
```

图 3.1.2　程序的运行结果

注意：

（1）this 不能用在 static 方法中。有人夸张地说："static 是没有 this 的方法"。

（2）关键字 static 的使用详见 3.4.1 节。

3.1.4　访问权限控制

访问控制符，可以对被其修饰的元素（指类、方法或变量）进行访问权限控制，这种控制也与包相关。类中成员的可访问性取决于它的访问控制符和它所在的包和类的性质。

Java 的访问控制符有 4 种：public、protected、default（默认）和 private。访问控制符应放在类、变量或方法声明的最前面。

注意：default（默认）访问控制符指的是不添加任何访问控制的关键字。

4 种访问控制符及其访问权限如表 3.1.1 所示。

表 3.1.1　4 种访问控制符及其访问权限

访问控制符	修饰的元素	可访问范围
public	类、变量、方法	所有类
protected	变量、方法	同一个包中的类、所有子类
default（默认）	类、变量、方法	同一个包中的类
private	变量、方法	本类

3.1.5　方法重载

方法重载是指同一个类中的同名方法，为了实现同一个功能，而使用统一的方法处理不同类型的数据。方法重载除了方法名称相同，还要求满足下列条件之一：

● 参数个数不同（此时对类型无限制）；

● 参数个数相同但参数类型不同；

● 参数个数和类型都相同，但参数顺序不同。

注意：

（1）方法的返回类型和修饰符可以相同，也可以不同。

（2）Java API 中的方法，大量使用方法重载。幸运的是，eclipse 中有方法参数个数及类型的提示。

（3）类的构造方法也可以重载。

3.2　继承

3.2.1　子类继承父类

在面向对象的语言中，允许程序员用现有的类来定义一个新类，这个新类就称为原有类的子类。子类除了继承其父类（或祖先类）的属性和操作，还可以定义自己特有的属性和操作，也可以对父类（或祖先类）中的操作进行重新定义。

注意：

（1）定义子类，就是"继承现有类+扩展"。

（2）尽管子类从父类继承了方法和成员变量，但它不能继承构造方法。

【例 3.2.1】　类继承示例。

子类继承父类的成员（属性和方法），程序代码如下：

```
class Employee {
    String name;
    int salary;
    public Employee(String name,int salary){
        this.name=name;
        this.salary=salary;
    }
    public String getDetails() {
        return " Name: " + name + "," + "Salary: " + salary;
    }
}
public class Manager extends Employee {
    String department;
    public Manager(String name,int salary,String department){
        super(name, salary);                //调用基类的构造方法
        this.department=department;
    }
    public String getDetails() {
        //在子类里调用父类的构造方法
        return super.getDetails()+ "," + "部门：" + department;
    }
    public static void main(String[] args) {
        Manager m = new Manager("张三",5000,"财务部");
        System.out.println(m.getDetails());
    }
}
```

程序的运行结果如图 3.2.1 所示。

```
Name: 张三,Salary: 5000,部门：财务部
```
图 3.2.1　程序的运行结果

3.2.2　方法重写

通过继承可以获得父类的属性和方法。在此基础上，不仅可在子类中增加属性和方法，而且可修改父类方法。

如果在新类中定义一个方法，其名称、参数表及返回类型正好与父类中方法的名称、参数表及返回类型相匹配，那么，新方法被称为旧方法的重写，也称为方法覆盖。

类继承与方法重写的示例代码如下：

```
class Employee {                              //子类
    String name;
    int salary;
    public String getDetails() {
        return " Name: " + name + " \n " +   "Salary: " + salary;
    }
}
public class Manager extends Employee {        //父类
    String department;
    public String getDetails() {
        return " Name: " + name + " \n " + " Manager of " + department;
    }
}
```

注意：

（1）toString() 是类 Object 定义的方法，所有子类都可以重写该方法。

（2）在 eclipse 右键快捷菜单中，选择 Source→Override/Implement Methods，可选择要重写的方法。

3.2.3　关键字 super

关键字 super 可被用来引用该类中的直接父类，通常被用来引用直接父类的成员变量或方法（前提是成员为 public 类型）。

调用直接父类的成员方法的示例代码如下：

```
public class Employee {
    private String name;
    private int salary;
    public String getDetails() {
        return "Name: " + name + "\nSalary: " + salary;
    }
}
public class Manager extends Employee {
```

```
            private String department;
            public String getDetails() {
                    //调用直接父类的普通方法
                    return super.getDetails() + "\nDepartment: " + department;
                    //注：无法访问 super.name，因为 private
            }
    }
```

调用直接父类的构造方法的示例代码如下：

```
    public class Employee {
            String name;
            public Employee(String n) {
                    name = n;
            }
    }
    public class Manager extends Employee {
            String department;
            public Manager(String s, String d) {
                    //调用直接父类的构造方法
                    super(s);
                    department = d;
            }
    }
```

注意：

（1）super 指代的是直接父类。

（2）使用 super 调用直接父类的成员时，要求该成员是 public 类型的。

3.3　抽象、接口与多态

3.3.1　使用关键字 abstract 定义抽象方法（类）

Java 类中可以定义一些不含方法体的方法，其方法体的实现将交给该类的子类根据自己的情况去实现，这样的方法就是抽象方法，包含抽象方法的类称为抽象类。抽象类与抽象方法都使用关键字 abstract 来声明。

注意：

（1）抽象类中所包含的不一定都是抽象方法，可以有实例变量、构造方法和具体方法。

（2）抽象类可以有构造方法，但构造方法不能被声明为抽象方法。

（3）抽象类不能被实例化，即不能用 new 去产生对象，但可声明对象。

（4）抽象类的子类必须覆盖所有的抽象方法后才能被实例化，否则这个子类还是抽象类。

（5）抽象类不能用 final 来修饰，即一个类不能既是最终类又是抽象类。

（6）abstract 不能与 private、static、final 并列修饰同一个方法（因为不能被继承或覆盖）。

定义与使用抽象类与抽象方法的示例代码如下：

```
abstract class A {                      //抽象类
    private int i=1;
    abstract int aa(int x,int y);        //声明抽象方法
    abstract void bb();                  //声明抽象方法
    public void cc() {
        System.out.println(i);
    }
}
class B extends A   {
    @Override                            //实现抽象方法
    int aa(int x,int y) {
        return x+y;
    }
    @Override
    void bb() {     }                    //空操作也算实现
    public static void main(String[] args) {
        B b=new B();
        System.out.println(b.aa(1,2));
        b.cc();
    }
}
```

3.3.2 使用关键字 interface 定义接口

接口是一种特殊的抽象类。如果一个抽象类中的所有方法都是抽象的，则可使用关键字 interface（代替 class）将这个类定义为接口。接口的所有方法通常由子类全部实现，不同子类的实现可以具有不同的功能。Java 接口中的方法默认都是 public abstract 类型（public 可省略）。

接口是抽象方法和常量值定义的集合。Java 接口中的成员常量默认是用 public static final 标识的（可省略），都是全局静态常量，必须被显示初始化。

注意：

（1）Java 不支持多继承，但一个类可以同时实现多个接口。使用接口来克服单继承缺陷，从而间接地实现多继承。

（2）Java 接口不能有构造方法，不能被实例化，而抽象类可以有构造方法。

（3）接口中不能包含静态方法。

【例 3.3.1】 继承抽象类并实现接口示例。

使用关键字 abstract 和 interface 的示例代码如下：

```
abstract class Vehicle {                           //交通车辆抽象类
    abstract void consume();                        //使用能源
}
interface fare {                                    //费用接口
    void charge();                                  //收费
}
class Bus extends Vehicle implements fare {         //公共汽车
    @Override
    void consume() {                                //实现抽象类的抽象方法
        System.out.println("此公交使用电力驱动");
    }
    @Override
    public void charge() {                          //实现接口的抽象方法
        System.out.println("此公交收费 2 元/人");
    }
}
public class Ex3_4 {
    public static void main(String[] args) {
        Bus bus = new Bus();
        bus.consume();
        bus.charge();
    }
}
```

程序的运行结果如图 3.3.1 所示。

```
此公交使用电力驱动
此公交收费2元/人
```

图 3.3.1　程序的运行结果

3.3.3　使用类继承实现多态、动态绑定

多态性就是多种表现形式。具体来说，可以用"一个对外接口，多个内在实现方法"表示。例如，计算机中的堆栈可以存储各种格式的数据，包括整型、浮点型或字符。不论存储的是何种数据，堆栈的方法调用是一样的，但针对不同的数据类型的内在实现可能不尽相同。使用统一的接口名，能方便编程人员操作。

在 OOP 中，一个对象只有一个类型（是在构造时给它的）。但是，如果对象是能指向不同类型的对象，那么对象就是多态性的。

在程序运行时，Java 虚拟机根据对象类型自动选择相应的方法，称为动态绑定。

注意：方法重载是一种静态的多态性，在程序编译时确定被调用的方法，是一种静态绑定。

【例 3.3.2】　使用类继承实现多态示例。

使用类继承实现多态的源程序代码如下：

```
abstract class Animal{                        //定义抽象类
    String name;
    int age;
    abstract public void cry();               //定义抽象方法，动物会叫
}
/*class Animal {                              //定义基类
    String name;
    int age;
    public void cry() {
        System.out.println("动物会叫");
    }
}*/
class Dog extends Animal{                      //定义子类 Dog，继承抽象类 Animal
    @Override
    public void cry(){                         //实现父类 cry() 方法
        System.out.println("汪汪叫...");
    }
}
class Cat extends Animal{                      //定义子类 Cat，继承抽象类 Animal
    @Override
    public void cry(){                         //实现父类 cry() 方法
        System.out.println("喵喵叫...");
    }
}
public class AnimalCry {
    public static void main(String args[]){
        Dog dog=new Dog();
        dog.cry();                             //调用子类方法，不会产生歧义，强耦合
        Cat cat=new Cat();
        cat.cry();                             //调用子类方法，不会产生歧义，强耦合
        System.out.println("-------");
        //后期动态绑定：根据对象类型选择相应的方法
        Animal ani1=new Dog();                 //向上转型安全
        ani1.cry();
        Animal ani2=new Cat();                 //向上转型安全
        ani2.cry();
    }
}
```

程序的运行结果如图 3.3.2 所示。

```
汪汪叫...
喵喵叫...
-------
汪汪叫...
喵喵叫...
```

图 3.3.2　程序的运行结果

注意：

（1）使用继承抽象类实现多态：不同类型的对象调用同名的方法来产生不同的行为。

（2）向上转型是安全的，多态提高了程序的灵活性（非强耦合）。

3.3.4　使用接口实现多态

3.3.3 节介绍了使用继承实现多态的方法。实际上，使用接口也能实现多态。

【例 3.3.3】 使用接口实现多态示例。

使用接口实现多态的源程序代码如下：

```
interface Car {                         // 定义接口 Car
    String getName();                   // 获得汽车名称
    int getPrice();                     // 获得汽车售价
}
class BMW implements Car {              // 宝马类
    public String getName() {
        return "BMW";
    }
    public int getPrice() {
        return 300000;
    }
}
class CheryQQ implements Car {          // 奇瑞 QQ 类
    public String getName() {
        return "CheryQQ";
    }
    public int getPrice() {
        return 20000;
    }
}
public class CarShop {                  // 汽车销售店类
    private int money = 0;              // 汽车收入
    public void sellCar(Car car) {     // 卖车方法的参数是接口类型，向上转型
        System.out.println("车型：" + car.getName() + "　单价：" + car.getPrice());
        money += car.getPrice();
    }
    public int getMoney() {            //获取售车总收入方法
        return money;
    }
    public static void main(String args[]) {
        CarShop aShop = new CarShop();
        aShop.sellCar(new BMW());                   //卖了一部宝马
        aShop.sellCar(new CheryQQ());               //卖了一部奇瑞
        System.out.println("总收入：" + aShop.getMoney());
    }
}
```

程序的运行结果如图 3.3.3 所示。

车型：BMW　单价：300000
车型：CheryQQ　单价：20000
总收入：320000

图 3.3.3　程序的运行结果

3.4　类的高级特征

3.4.1　使用关键字 static 定义静态成员和静态代码块

类的成员除了可以使用访问控制符修饰，还可以使用存储类型修饰符。与其他高级语言（如 C 语言）一样，声明为 static 类型的变量实质上就是全局变量，所有此类的实例（对象）都共享此静态变量。在类装载时，静态变量只分配一块存储空间，所有此类的对象都可以操控此块存储空间。因此，静态方法有以下几条限制：

● 它仅能调用其他的 static 方法；
● 它只能访问 static 数据；
● 它不能以任何方式引用 this 或 super。

注意：对于 final 型 static 变量（全局不可修改的变量）则另当别论。

使用静态方法的示例代码如下：

```
class Simple {
    static void go() {              //定义静态方法
        System.out.println("Go...");
    }
}
public class Cal {
    public static void main(String[] args){
        Simple.go();               //调用静态方法：类名.静态方法([参数])
    }
}
```

静态方法只能调用静态成员，静态方法不能以任何方式引用 this 或 super。示例代码如下：

```
public class Wrong {
    int x;
    static int y;
    //下面的 main() 方法被声明为 static，其他方法也可
    public static void main(String args[]) {
        y=10; //或者  Wrong.y=10
        System.out.println(y);
        x = 9;       // NO
```

54

```
        this.y=10 ; // NO
    }
}
```

静态块代码只会初始化一次，且发生在类被第一次装载时。

类中不同的静态块按它们在类中出现的顺序被执行。

【例 3.4.1】　一个使用静态代码块的示例。

使用静态代码块的示例程序的代码如下：

```
public class TestStaticBlock {
    static int i = 5;
    static {                        //定义静态代码块
        System.out.println("Static code i= "+ i++ );
    }
    public static void main(String args[]) {
        System.out.println("Main code: i=" + TestStaticBlock.i );
    }
}
```

程序的运行结果如图 3.4.1 所示。

```
Static code i= 5
Main code: i=6
```

图 3.4.1　程序的运行结果

3.4.2　使用关键字 final 定义终结类（方法或变量）

在设计类时，如果这个类不需要有子类，类的实现细节不允许改变，并且确信这个类不会再被扩展，那么就将其设计为 final 类。例如，java.lang.String 类就是一个 final 类。

final 类不能被继承。因此，final 类的成员方法没有机会被覆盖。

被标记为 final 的方法可以被继承，但不能被覆盖。

使用 final 方法的原因有二：

● 把方法锁定，防止任何继承类修改它的意义和实现。

● 高效。编译器在遇到调用 final 方法时会转入内嵌机制，大大提高执行效率。

如果变量被标记为 final，其结果是使它成为常数。改变 final 变量的值会导致一个编译错误。例如：

```
public final int MAX_ARRAY_SIZE = 25;
```

final 修饰的变量有三种：静态变量、实例变量和局部变量。

注意：定义 final 变量时，可先声明，不给初值（称为 final 空白变量）。但 final 空白变量在使用之前必须被初始化。

当方法参数为 final 类型时，只可以读取或使用该参数，无法改变该参数的值。

【例 3.4.2】 使用关键字 final 修饰成员方法的示例。

使用关键字 final 修饰成员方法的示例程序的代码如下:

```java
class Test1 {
    public void f1() {
        System.out.println("f1");
    }
    public final void f2() {                    //final 修饰的方法
        System.out.println("f2");
    }
    public static void f3() {                   //静态方法
        System.out.println("f3");
    }
    private void f4() {                         //私有方法
        System.out.println("f4");
    }
}
class Test2 extends Test1 {
    public void f1() {                          //可以
        System.out.println("父类 f1 被覆盖!");
    }
    /*public void f2(){                         //不可以
        System.out.println("父类 f2 被覆盖!"); }
    public void f3(){                           //不可以
        NO System.out.println("父类 f3 被覆盖!");
    }*/
}
public class TestFinal {
    public static void main(String[] args) {
        Test1 t = new Test2();
        t.f1();
        t.f2();                                 //OK
        t.f3();                                 //不推荐使用, 换成 Test1.f3();
        //t.f4();                               //NO
    }
}
```

程序的运行结果如图 3.4.2 所示。

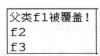

图 3.4.2　程序的运行结果

3.4.3　内部类(接口)

内部类允许一个类(或接口)的定义被放到另一个类定义中来实现类的嵌套。此时,另一个类称为外部类（或接口）。

在一个文件中并列定义多个类文件，编辑后的 .class 文件是独立的，而嵌套的内部类所对应的 .class 文件的前缀为"外部类 $"。因此，同一包里可能存在同名的内部类（但外部类名不同）。

注意：外部类与内部类是相互对应的两个概念。

3.4.4　创建接口（抽象类）的匿名实现类对象

Java 允许使用如下方法来创建基于接口的匿名实现类对象：

```
new <接口名>() {
        //重写方法
};
```

注意：

（1）new 操作符后是接口名，表明是创建接口对象，实际上是创建了实现此接口的匿名内部类对象。

（2）上述接口名可以换成抽象类名。

【例 3.4.3】　创建接口（抽象类）的匿名实现类对象的示例程序。

程序代码如下：

```
/*
 * 创建匿名的接口实现类的对象：临时创建一个没有命名的接口实现类，
 * 错觉：不提供接口实现的情况下，直接 new 了一个接口实例
 * 好处：代码简约
 */
interface ISay {
    void sayHello();
}
/*class ISayImp implements ISay{    //非匿名用法
    @Override
    public void sayHello() {
        // TODO Auto-generated method stub
        System.out.println("Hello java!");
    }
}*/
public class Ex3_9 {
    public static void main(String[] args) {
        //创建接口 ISay 的匿名实现类对象 say
        ISay say = new ISay() {
            @Override
            public void sayHello() {
                // TODO Auto-generated method stub
                System.out.println("Hello java!");
            }
        };
```

```
                //ISayImp say = new ISayImp();  //配合非匿名用法
                //使用 say 对象
                say.sayHello();                      //调用接口方法
                Class<? extends ISay> clazz = say.getClass();
                System.out.println(clazz);
            }
        }
```

```
Hello java!
class Ex3_9$1
```

图 3.4.3　程序的运行结果

程序的运行结果如图 3.4.3 所示。

注意：

（1）上述程序的注释代码，是先写接口实现类，然后再创建实现类对象，不如使用匿名类更简洁。

（2）匿名内部类的用法，也可参见 6.1.5 节。

（3）在 Android 编程时，经常会创建一些监听器接口的匿名实现类对象作为对象监听方法的参数，这样能极大地简化代码。当然，如果某些接口类型的对象要多次使用，则需要定义实现该接口的内部类以供使用。

3.4.5　在类方法里使用可变参数

在 Java 类方法中，可以在类型名与参数之间使用"…"来表示可变参数。可变参数即为不确定个数的参数，在 Java 内部使用数组来处理。

在类方法中使用可变参数的示例代码如下：

```
public class VaribleParameter {
    public static int add(int... args) {                //静态方法中包含可变参数
        int sum = 0;
        for (int i = 0; i < args.length; i++) {
            sum += args[i];
        }
        return sum;
    }
    public static void main(String[] args) {
        System.out.println(add(2, 3));                      //输出 5
        System.out.println(add(2, 3, 5));                   //输出 10
        System.out.println(add(new int[] { 2, 3, 5 }));     //输出 10
    }
}
```

注意：

（1）如果一个方法同时包含普通参数和可变参数，则可变参数只能出现在参数列表的最后。

（2）可变参数常用于通用类程序设计，参见 9.2.6 节。

3.4.6　Class 类与 Java 反射机制

Java 反射机制出现在运行状态中。对于任意一个类，都能够知道这个类的所有属性和方法。对于任意一个对象，都能够调用它所属类的任意一个方法。这种动态获取的信息及动态调用对象的方法的功能称为 Java 语言的反射机制。

使用 Java 反射机制之前，需要介绍类 java.lang.Class。Class 类十分特殊，它和一般类一样继承自 Object，其实例用以表达 Java 程序运行时的类和接口。当一个类被加载，或当类加载器（class loader）的 defineClass() 被 JVM 调用时，JVM 便自动产生一个 Class 对象。定义 Class 类的示意图如图 3.4.4 所示。

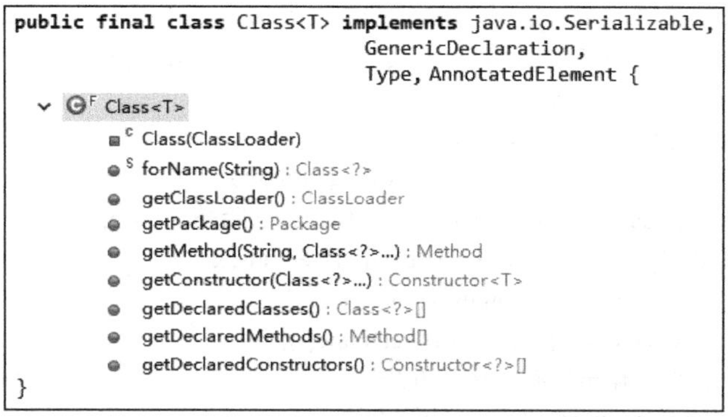

```
public final class Class<T> implements java.io.Serializable,
                                        GenericDeclaration,
                                        Type, AnnotatedElement {
    Class<T>
        Class(ClassLoader)
        forName(String) : Class<?>
        getClassLoader() : ClassLoader
        getPackage() : Package
        getMethod(String, Class<?>...) : Method
        getConstructor(Class<?>...) : Constructor<T>
        getDeclaredClasses() : Class<?>[]
        getDeclaredMethods() : Method[]
        getDeclaredConstructors() : Constructor<?>[]
}
```

图 3.4.4　定义 Class 类的示意图

注意：

（1）Class 类的定义涉及泛型（使用 "?" 表示）。泛型用法详见第 5 章。

（2）使用 Java 反射机制时，可能还会涉及另一个表示类方法的辅助类 java.lang.reflect. Method。

【例 3.4.4】　Java 反射机制示例。

源程序代码如下：

```
import java.lang.reflect.Constructor;
import java.lang.reflect.Method;
class Fish {
    int kind;                       //种类
    public Fish(){
        //空构造方法
    }
    public Fish(int i) {            //构造方法
        kind = i;
    }
    public void show() {
        System.out.println("fish kind:" + kind);
    }
    @SuppressWarnings("unused")
    //有返回值的私有方法
    private int jump(int a, int b) {
        System.out.println("鱼跃龙门！ ");
        return a + b;
    }
```

```
    }
public class Reflection {
    public static void main(String[] args) throws Exception {
        // 法一，使用静态方法 Class.forName() 得到某个类的 Class 类型对象
        // 加载类，必须带包名
        //Class<?> classtype = Class.forName("ch03.Fish");
        // 法二，java.lang.Object 类提供了 getclass() 方法
        // Class<?> classtype=(new Fish(1)).getClass();
        //法三，其中可用?通配任意类型，此处可用 Fish 代替
        Class<?> classtype=Fish.class;
        //Class<Fish> classtype=Fish.class;
        // 得到并输出所有的方法名（构造方法除外，按字母序）
        System.out.println("--成员方法（构造方法除外）：--");
        Method[] m = classtype.getDeclaredMethods();
        for (int i = 0; i < m.length; i++)
            System.out.println(m[i].getName());
        // 得到并输出所有的构造方法
        System.out.println("-------构造方法：-------");
        Constructor<?>[] constructors = classtype.getDeclaredConstructors();
        for (Constructor<?> c : constructors) {
            System.out.println(c);
        }
        // 获得指定的方法、进行反射调用
        System.out.println("---反射调用私有方法的结果---");
        // newInstance() 作用类似于 new 运算
        Object instance = classtype.newInstance();
        //Method getjumpMethod = classtype.getDeclaredMethod("jump",
                                    new Class[] { int.class, int.class });
        Method getjumpMethod=classtype.getDeclaredMethod("jump",
                                    Integer.TYPE,Integer.TYPE);
        // 通过反射机制来调用该类的私有方法，即打破了类的封装性
        getjumpMethod.setAccessible(true);     //设置允许访问私有方法
        // 私有方法反射调用
        Object object = getjumpMethod.invoke(instance, new Object[] { 1, 2 });
        System.out.println((Integer)object);
    }
}
```

程序的运行结果如图 3.4.5 所示。

```
--成员方法（构造方法除外）：--
jump
show
-------构造方法：-------
public ch03.Fish()
public ch03.Fish(int)
---反射调用私有方法的结果---
鱼跃龙门！
3
```

图 3.4.5 程序的运行结果

3.4.7 动态代理类 Proxy 与远程过程调用（RPC）

在进行软件开发时，可能依赖他人提供的服务。当服务部署在不同机器上时，就存在网络通信过程。如果服务消费方每调用一个服务都要写一段网络通信相关的代码，效率会降低。

如果有一种方式能让开发人员像调用本地服务一样调用远程服务，使调用者对网络通信的细节透明化，那么将大大提高软件开发效率。Java 动态代理通过封装 Socket 通信细节，使用户能以本地调用方式来调用远程服务。如今，远程过程调用（Remote Procedure Call，RPC）在各大互联网公司系统中被广泛使用，出现了众多基于 RPC 的开源框架，如脸书（Facebook）的 Thrift、阿里巴巴的 Dubbo、谷歌的 gRPC 和推特（Twitter）的 Finagle 等。

注意：RPC 也称远程服务调用。

【例 3.4.5】 通过 Java 动态代理实现的 RPC 示例程序。

本示例程序包含 RPC 服务端和客户端 2 个项目，如图 3.4.6 所示。

图 3.4.6   RPC 服务端与客户端项目文件系统

服务端接口与客户端接口 HelloService 相同，其文件 HelloService.java 的主要代码如下：

```
public interface HelloService {
    String hello(String name);
}
```

服务端接口 HelloService 的实现类文件 HelloServiceImp.java 的主要代码如下：

```
public class HelloServiceImpl implements HelloService {
    public String hello(String name) {
        return "Hello " + name;
    }
}
```

服务端程序用于暴露服务对象，文件 RpcServer.java 的主要代码如下：

```
public class RpcServer2{ // RPC 服务端
    public static void main(String[] args) throws Exception {
        HelloService service = new HelloServiceImpl();    //创建服务对象
        export(service, 1234);              //暴露服务对象，以服务对象和端口作为参数
    }
    public static void export(final Object service, int port) throws Exception { //暴露服务方法
        //显示服务对象（接口实现类对象）及其服务端口
```

```
        System.out.println("Export service " + service.getClass().getName() + " on port " + port);
        @SuppressWarnings("resource")
        ServerSocket server = new ServerSocket(port);          //创建 Socket 服务端
        while (true) {
            final Socket socket = server.accept();             //监听
            new Thread(new Runnable() {                        //创建一个线程
                public void run() {                            //重写方法
                    try {
                        ObjectInputStream input;
                        input = new ObjectInputStream(socket.getInputStream());
                        //依次接收方法名、参数类型和参数
                        String methodName = input.readUTF();
                        Class<?>[] parameterTypes = (Class<?>[]) input.readObject();
                        Object[] arguments = (Object[]) input.readObject();
                        ObjectOutputStream output = new
                                        ObjectOutputStream(socket.getOutputStream());
                        Method method = service.getClass().
                                        getMethod(methodName, parameterTypes);
                        Object result = method.invoke(service, arguments);
                        output.writeObject(result);
                    } catch (Exception e) {
                        e.printStackTrace();
                    }
                }
            }).start();
        }
    }
}
```

客户端程序通过从服务端获取的服务接口代理的实例对象调用服务端接口方法，其要点是创建接口 InvocationHandler 类型的对象，在实现方法 invoke() 中封装 Socket 通信细节，完成对象的序列化与反序列化。文件 RpcClient.java 的主要代码如下：

```
public class RpcClient {
    public static void main(String[] args) throws Exception {
        //在客户端引用服务端，获取服务接口代理的实例
        //第 2、3 参数分别为主机地址及其监听端口
        HelloService service = refer(HelloService.class, "127.0.0.1", 1234);
        //通过服务接口代理的实例，调用服务端接口的方法
        for (int i = 0; i < Integer.MAX_VALUE; i ++) {
            String hello = service.hello("World" + i);
            System.out.println(hello);
            Thread.sleep(1000);
        }
    }
    @SuppressWarnings("unchecked")
    public static <T> T refer(final Class<T> interfaceClass, final String host, final int port)
```

```
                                                              throws Exception {
        //显示远程服务接口、主机名端口等信息
        System.out.println("Get remote service " + interfaceClass.getName() +
                                        " from server " + host + ":" + port);
        //返回远程服务代理对象
        return (T) Proxy.newProxyInstance(interfaceClass.getClassLoader(),
                        new Class<?>[] {interfaceClass}, new InvocationHandler() {
            @Override
            public Object invoke(Object proxy, Method method, Object[] arguments) throws
                                                              Throwable {
                Socket socket = new Socket(host, port);
                try {
                    ObjectOutputStream output = new ObjectOutputStream
                                                (socket. getOutputStream());
                    output.writeUTF(method.getName());      //对象序列化
                    output.writeObject(method.getParameterTypes());
                    output.writeObject(arguments);
                    ObjectInputStream input = new ObjectInputStream
                                                (socket. getInputStream());
                    Object result = input.readObject();     //反序列化
                    return result;
                } finally {
                    socket.close();
                }
            }
        });
    }
}
```

　　两个项目创建完成后，先运行服务端程序，控制台显示服务对象及其服务端口。再运行客户端程序，控制台将依次显示远程服务接口信息和调用服务产生的信息。

　　注意：

　　（1）本示例程序，分别涉及第 4 章中的 Java 多线程、第 5 章中的泛型、第 7 章中的 Java I/O 流和第 8 章中 Java 网络编程的相关知识。

　　（2）客户端接口使用的包名可以与服务端接口的包名不同。

　　（3）在服务端程序暴露服务对象的代码中，使用 Java 反射机制是为了提高程序的通用性，读者可以通过改写程序中的相关代码来验证可以不使用 Java 反射机制。

　　（4）简单地说，RPC 的工作原理是传输 Object 的 Socket 通信；并且，通信过程中涉及对象序列化与反序列化的问题（详见 7.6 节）。

　　（5）WebService 是 RPC 的特例，因为 RPC 的传输层协议和应用层协议可以自行实现，而 WebService 使用特定的协议（详见 8.4 节）。

　　（6）如果有局域网网络环境，可以修改客户端程序中服务器的 IP，在分别装有服务端项目和客户端项目的两台计算机上来验证 RPC。

习题 3

一、判断题

1. 方法 main() 必须使用修饰符 public 和 static。
2. 如同 C++语言，Java 也支持多继承。
3. 定义一个类时，至少要写一个构造方法。
4. 含有抽象方法的类必须被声明为抽象类。
5. 一个类，或继承某个类，或实现某个接口，只能选择其一（即不能同时）。
6. 一个类可以同时实现多个接口。
7. 访问修饰符 private 和 protected 只能用于修饰成员（方法与属性），不能修饰类。
8. 静态方法只能调用静态成员。
9. 在一个 .java 文件里，可以定义多个类（或接口）。
10. 被标记为 static 或 private 的方法被自动修饰为 final。
11. 接口中定义的方法都没有方法体。
12. 接口中可以包含静态方法。
13. 类的构造方法不能被声明为抽象方法。
14. 抽象类中可以有实例变量、构造方法和具体方法。
15. 若类中未定义构造方法，则会自动添加一个默认的无参构造方法。
16. 静态方法中可以使用实例变量或实例方法。

二、选择题

1. 下列关于抽象方法的描述，正确的是_____。
   - A．可以有方法体
   - B．可以出现在非抽象类中
   - C．是没有方法体的方法
   - D．抽象类中的方法都是抽象方法
2. 关于继承的说法正确的是_____。
   - A．子类将继承父类所有的属性和方法
   - B．子类将继承父类的非私有属性和方法
   - C．子类只继承父类 public 的方法和属性
   - D．子类只继承父类的方法，而不继承属性
3. 下列关于成员变量与局部变量的说法中，不正确的是____。
   - A．成员变量随对象的创建而创建，随对象的消失而消失。
   - B．方法内定义局部变量在作用范围结束时会自动释放占用的内存空间。
   - C．成员变量存放在对象所在的堆内存中，局部变量存放在栈内存中。
   - D．成员变量与局部变量都有默认的初始值。
4. 下列关于继承与接口的说法中，不正确的是____。

　　A．Java 只支持单继承

　　B．一个类可以同时实现多个接口

　　C．一个类在实现接口的同时还能继承某个基类

　　D．接口不能继承

5．覆盖与重载的关系是_____。

　　A．覆盖只有发生在父类与子类之间，而重载可以发生在同一个类中

　　B．覆盖方法可以不同名，而重载方法必须同名

　　C．final 修饰的方法可以被覆盖，但不能被重载

　　D．覆盖与重载是相同的

三、填空题

1．Java 使用_____语句来分类组织类。

2．系统使用专用的包名_____表示对应于 src 根路径的默认包。

3．Java 源代码中定义几个类，编译结果就生成几个以_____为后缀的字节码文件。

4．类的构造方法在创建类的_____时自动执行。

5．在类的构造方法里对类成员属性进行赋值时，若形参与类成员属性的名称相同，则必须使用关键字_____。

6．作为所有类的超类的是_____。

7．方法重载对参数的要求是，参数个数不相等或_____。

8．类的访问控制有_____种，而类的成员的访问控制有_____种。

9．多态提高了程序的灵活性，核心做法是将对象向_____转型。

10．定义类的保留字是 class，定义接口的保留字是_____。

11．构造方法是一种特殊的成员方法，构造方法名与_____相同。

实验 3

一、实验目的

（1）掌握 Java 类的定义（使用包 package、成员访问权限控制、构造方法、方法重载和关键字 this+static+final 等）。

（2）掌握在一个 .java 文件中定义多个类、类的继承（关键字 super）。

（3）掌握抽象类和接口的定义与使用，创建接口（抽象类）的匿名类的实例对象。

（4）掌握多态的实现方法。

（5）掌握继承与接口的综合运用。

（6）掌握静态代码块、在类方法里使用可变参数的使用方法。

（7）掌握 Class 类的使用与 Java 反射机制。

二、实验内容及步骤

访问上机实验网站（http://www.wustwzx.com/java），单击"3. Java 面向对象的程序设计"的超链接，下载本实验内容的源代码并解压，得到文件夹 Java_ch03。

1．创建矩形类

（1）在 eclipse 中导入项目 Java_ch03。

（2）打开程序 Ex3_1.java，查看类的两个私有成员属性。

（3）查看类的 1 个公有构造方法。

（4）查看普通公有方法。

（5）查看 main() 方法中通过实例化对象调用类方法的代码。

2．类继承

（1）打开程序 Ex3_3.java，查看类 Employee 的定义。

（2）查看类 Ex3_3 的定义，以及对 Employee 的继承。

（3）查看类 Ex3_3 的 main() 方法中对父类构造方法的调用。

（4）运用程序，分析程序的执行过程。

3．抽象类与接口的基本使用

（1）打开程序 Ex3_4.java，查看抽象类 Vehicle 的使用。

（2）查看接口 fare 的定义。

（3）查看类 Bus 的定义（继承抽象类且实现接口）。

（4）查看测试类 Ex3_4 并运行。

4．向上转型、使用抽象类或接口实现多态（动态绑定）

（1）打开程序 Ex3_5.java，查看抽象类 Animal 的定义。

（2）分别查看子类 Dog 和 Cat 对抽象类的实现。

（3）查看测试类 Ex3_5 的 main() 方法中向上转型的代码（动态绑定）。

（4）打开程序 Ex3_7.java，查看接口 Car 的定义。

（5）分别查看实现类 BMW 和 CheryQQ 对接口的实现代码。

（6）查看测试类 Ex3_7 的 main() 方法中向上转型的代码（动态绑定）。

（7）体会在不改变继承关系的前提下，通过使用接口来扩展类功能的用法。

5．Java 高级特性

（1）打开程序 Ex3_8.java，查看关键字 final 的使用。

（2）打开程序 Ex3_9.java，查看接口匿名实现类的使用。

（3）打开程序 Ex3_10.java，查看静态方法的使用。

（4）查看程序 Ex3_10.java 中可变长参数的使用。

6．Java 反射机制

（1）打开程序 Ex3_11.java。

（2）查看创建 Class 对象的方法。

（3）查看通过 Class 对象获取该类方法名数组的方法。

（4）查看反射机制调用方法访问类的私有方法的代码。

7．Java 远程服务调用 RPC

（1）在 eclipse 里，分别导入解压文件夹的两个项目 RPC_Server 和 RPC_Client。

（2）分别查看项目 RPC_Server 里定义的接口文件及其实现类。

（3）查看服务端程序文件 RpcServer.java 暴露服务对象的相关代码。

（4）运行服务端程序，查看控制台输出。

（5）查验客户端项目 RPC_Client 中定义的接口与服务端项目一致。

（6）查看客户端程序文件 RpcClient.java 中通过使用 Java 代理类 Proxy 获取远程服务对象的相关代码。

（7）运行客户端程序，查看控制台输出。

三、实验小结及思考

（由学生填写，重点填写上机实验中遇到的问题。）

第 4 章

Java 进程与多线程

线程是应用程序中执行的基本单元。多线程就是允许将一个程序分成几个并行的子任务，各子任务相互独立并发执行。例如，打开迅雷软件可以同时下载多部电影。Java 提供了对多线程机制的支持，包括线程创建、调度、优先级、同步和线程通信等。本章主要介绍线程的概念，以及如何创建及使用线程等问题。本章的学习要点如下：

- 掌握 Java 进程与线程的区别与联系；
- 掌握 Java 多线程的创建与使用方法；
- 掌握 Java 线程同步的设计方法；
- 掌握 Java 线程协作的设计方法；
- 掌握 Java 异步任务的设计方法；
- 了解死锁的概念。

4.1 Java 进程

进程属于操作系统的概念，表示程序（任务）的执行过程。进程具有动态性，持有资源（共享内存、共享文件等）和线程，是资源和线程的载体。

每一个进程都有自己的地址空间，一般情况下，包括文本区域（text region）、数据区域（data region）和堆栈区域（stack region）。文本区域用来存储处理器执行的代码；数据区域用来存储变量和进程执行期间使用的动态分配的内存；堆栈区域用来存储活动过程调用的指令和本地变量。

现在的操作系统都是多任务操作系统，如听歌的同时还在用 QQ 聊天。听歌和聊天就是两个任务，这两个任务是同时进行的。一个任务通常对应一个进程，也可能包含多个进程。

进程具有如下特征：

- 进程实质上是程序在多道程序系统中的一次执行过程，是动态产生和消亡的；
- 任何进程都可以与其他进程一起并发执行；
- 进程是一个能独立运行的基本单位，同时也是系统分配资源和调度的独立单位。

注意：多个进程可以并发执行同一个程序。

4.2　Java 多线程

传统的程序，同一时刻只能执行单任务操作，效率非常低。如果网络程序在接收数据时发生阻塞，只能等到程序接收数据之后才能继续运行。随着因特网的飞速发展，这种单任务运行的状况越来越不被接受。如果网络接收数据发生阻塞，后台服务程序就会一直处于等待状态而不能继续任何操作。这种阻塞情况经常发生，这时的 CPU 资源完全处于闲置状态。

4.2.1　线程与多线程概念

线程（Thread）是控制线程（Thread of Control）的缩写，它是具有一定顺序的指令序列（即所编写的程序代码）、定义局部变量的栈和一些共享数据。线程是相互独立的，每个方法的局部变量和其他线程的局部变量是分开的，因此，任何线程都不能访问除自身之外的其他线程的局部变量。如果两个线程同时访问同一个方法，那么每个线程将各自得到此方法的一个副本。

线程有时也被称为小进程，它是从一个大进程里分离出来的小而独立的线程。

事实上，前面介绍的程序都属于单线程程序。当它执行完 main 方法的程序后，线程正好退出，程序同时结束运行。

多线程实现后台服务程序可以同时处理多个任务，并且不发生阻塞现象。多线程是Java 语言的一个很重要的特征。多线程程序设计最大的特点就是能够提高程序执行效率和处理速度。Java 程序可同时并行运行多个相对独立的线程。例如，创建一个线程来接收数据，另一个线程发送数据，即使发送线程在接收数据时被阻塞，接收数据线程仍然可以运行。

Java 提供的多线程机制使一个程序可同时执行多个任务。由于实现了多线程技术，Java 显得更健壮。多线程的优势是具有更好的交互性能和实时控制性能。多线程是强大而灵巧的编程工具，但要用好它却不是件容易的事。在多线程编程中，每个线程都通过代码实现线程的行为，并将数据提供给代码进行操作。编码和数据有时是相当独立的，可分别提供给线程。多线程可以同时处理同一代码和同一数据，不同的线程也可以处理各自不同的编码和数据。

注意：多线程的目的是为了最大限度地利用 CPU 资源。

4.2.2　在某个进程中创建多个线程

Java 中，创建多线程的方法有两种：一种是继承 Thread 类并覆盖 run() 方法；另一种是通过实现 Runnable 接口创建并重写 run() 方法。

两种创建多线程的方法所涉及的 Java API 的示意图如图 4.2.1 所示。

```
public interface Runnable {
    public abstract void run();
}
public class Thread implements Runnable {
    private static native void registerNatives();
    static {
        registerNatives();
    }
    ● C Thread(Runnable)
    ● NS sleep(long) : void
    ● △ run() : void
    ● ◎ start() : void
    ●   isInterrupted() : boolean
    ● F stop() : void

}
```

图 4.2.1　定义 Runnable 接口和 Thread 类的示意图

注意：Java 多线程的应用，分别参见第 6 章（Java UI 设计及图形功能）和第 8 章（Java 网络编程）。

【例 4.2.1】线程的创建与使用示例（3 种写法）。

程序代码如下：

```
class HelloThread implements Runnable { //实现接口
    int i;
    @Override
    public void run() { //重写 run()方法
        i = 0;
        while (true) {
            System.out.println("Hello " + i++);
            if (i > 5)
                break;
        }
    }
}
public class Ex4_1 {
    public static void main(String[] args) {
        //在进程中，除主线程外，另外创建了 1 个线程
        //创建线程类实例
        HelloThread r = new HelloThread();
        //创建类 Thread 线程
        Thread t = new Thread(r);
        //启动线程
        t.start();
        //t.run();
    }
}
```

```
/*public class Ex4_1 extends Thread {    //继承类 Thread
    int i;
    public static void main(String[] args) {
        new Ex4_1().run();
    }
    //方法覆盖
    @Override
    public void run() {
        // TODO Auto-generated method stub
        i = 0;
        while (true) {
            System.out.println("Hello " + i++);
            if (i > 5)
                break;
        }
    }
}*/
/*public class Ex4_1 implements Runnable{    //直接实现接口
    int i;
    public static void main(String[] args) {
        new Ex4_1().run();
    }
    @Override
    public void run() {
        // TODO Auto-generated method stub
        i = 0;
        while (true) {
            System.out.println("Hello " + i++);
            if (i > 5)
                break;
        }
    }
}*/
```

程序的运行结果如图 4.2.2 所示。

```
Hello 0
Hello 1
Hello 2
Hello 3
Hello 4
Hello 5
```

图 4.2.2　程序的运行结果

【例 4.2.2】使用多线程模拟乌龟和兔子赛跑示例。

由于在主类中需要创建多个线程，因此，在程序里创建了实现 Runnable 接口的实现类，程序代码如下：

```java
class Animal implements Runnable {
    private String name;
    private int speed;    //速度
    private int distance;    //距离
    private int sumdistance = 0; //已跑距离
    public Animal(String name, int speed, int distance) {
        this.name = name;
        this.speed = speed;
        this.distance = distance;
    }
    @Override
    public void run() {
        while (sumdistance < distance) {
            try {
                //休眠毫秒数是随机的（在 500 至 1500 之间）
                Thread.sleep((int) (Math.random() * 1000) + 500);
            } catch (Exception e) {
                System.out.println(e);
            }
            sumdistance += speed;    //获得当前跑了多长距离
            //sumdistance += Math.random() * speed;
            System.out.println(name + " : 我已经跑了  " + sumdistance);
        }
        System.out.println(name + " 终于冲过终点了 ！"); //执行本语句后线程结束
    }
}
public class Ex4_2 {
    public static void main(String[] args) {
        System.out.println();
        Animal rabbit = new Animal("兔子", 20, 50);
        Animal turtle = new Animal("乌龟", 15, 50);
        new Thread(rabbit).start();;
        new Thread(turtle).start();;
    }
}
```

程序每次运行的结果不同，一种可能的结果如图 4.2.3 所示。

```
乌龟：我已经跑了 15
兔子：我已经跑了 20
乌龟：我已经跑了 30
兔子：我已经跑了 40
兔子：我已经跑了 60
兔子 终于冲过终点了！
乌龟：我已经跑了 45
乌龟：我已经跑了 60
乌龟 终于冲过终点了！
```

图 4.2.3　程序运行的一种可能的结果

注意：进程和线程的主要区别在于它们是不同的操作系统资源管理方式。进程有独立的地址空间，一个进程崩溃后，在保护模式下不会对其他进程产生影响。线程只是一个进程中的不同执行路径，有自己的堆栈和局部变量，但线程之间没有单独的地址空间。一个线程死亡就等于整个进程死亡，所以多进程的程序要比多线程的程序健壮。但是，在进程切换时，耗费资源较大，效率较低。因此，对于一些要求同时进行并且又要共享某些变量的并发操作，只能用多线程，而不能用多进程。

4.3　线程同步

由于同一进程的多个线程共享同一存储空间，在带来方便的同时，也带来了访问冲突这一严重的问题。

【例 4.3.1】民航售票并发问题示例。

假设民航售票共 10 张，分 3 个售票点销售。未使用同步锁解决并发问题，同一张票可能被多次售出，即存在线程不安全问题，其程序代码如下：

```java
public class SaleTicket1 {
    public static void main(String[] args) {
        // TODO Auto-generated method stub
        TicketWindow tw=new TicketWindow();   //创建售票窗口对象
        Thread t1=new Thread(tw);
        Thread t2=new Thread(tw);
        Thread t3=new Thread(tw);
        t1.start(); t2.start();t3.start(); //启动线程
    }
}
class TicketWindow implements Runnable{
    private int nums=10;
    @Override
    public void run() {    //开始售票
        while(true){
            if(nums>0){
                System.out.println("正在由窗口"+Thread.currentThread().getName()+
```

```
                                          "售出第"+nums+"张票...");
                    nums--;
                    try { //一秒钟出一张票
                        Thread.sleep(1000);    //设置线程休眠
                    } catch (Exception e) {
                        // TODO: handle exception
                    }
                }
                else
                    break;   //售票完毕
            }
        }
    }
```

程序每次运行的结果不同，一种可能的结果如图 4.3.1 所示。

```
正在由窗口Thread-0售出第10张票...
正在由窗口Thread-2售出第10张票...
正在由窗口Thread-1售出第10张票...
正在由窗口Thread-0售出第7张票...
正在由窗口Thread-2售出第7张票...
正在由窗口Thread-1售出第7张票...
正在由窗口Thread-0售出第4张票...
正在由窗口Thread-2售出第4张票...
正在由窗口Thread-1售出第2张票...
正在由窗口Thread-0售出第1张票...
```

图 4.3.1　未使用同步锁时程序的运行结果

显然，出现了多个收银台售出同一张票（$10^\#$，$7^\#$，$4^\#$）的异常情况（$1^\#$和$2^\#$正常）。

使用 synchronized 关键字，用于解决线程同步问题，其用法如下：

（1）synchronized 修饰代码块时，一个时间段内只能有一个线程得到执行。另一个线程必须等待当前线程执行完这个代码块以后才能执行该代码块。

（2）synchronized 修饰某个方法时，表明该方法只能执行一个线程，其他线程处于等待状态。

（3）synchronized 修饰某个类的声明时，表明这类中的所有方法都是 synchronized（同步）的。

【例 4.3.2】使用同步锁解决民航售票并发问题。

程序代码如下：

```
public class Ex4_3b {
    public static void main(String[] args) {
        //创建售票窗口对象
        TicketWindow2 tw=new TicketWindow2();
        //创建并启动 3 个线程对象
        new Thread(tw).start();
        new Thread(tw).start();
```

```
                    new Thread(tw).start();
                }
        }
class TicketWindow2 implements Runnable{
        private int nums=10;
        @Override
        public void run() {
                while(true){
                        //增加代码块同步锁解决并发问题
                        synchronized(this) {
                                if(nums>0){
                                        System.out.println("正在由窗口"+Thread.currentThread().
                                                        getName()+"售出第"+nums+"张票...");
                                        nums--;
                                        try {
                                                Thread.sleep(100);    //设置线程休眠
                                        } catch (Exception e) {
                                                // TODO: handle exception
                                        }
                                }
                                else
                                        break;    //售票完毕
                        }
                }
        }
}
```

　　程序每次运行的结果不同，但不会出现多个窗口售出同一张票的情形。一种可能的
结果如图 4.3.2 所示。

```
正在由窗口Thread-0售出第10张票...
正在由窗口Thread-0售出第9张票...
正在由窗口Thread-0售出第8张票...
正在由窗口Thread-1售出第7张票...
正在由窗口Thread-1售出第6张票...
正在由窗口Thread-1售出第5张票...
正在由窗口Thread-1售出第4张票...
正在由窗口Thread-1售出第3张票...
正在由窗口Thread-1售出第2张票...
正在由窗口Thread-1售出第1张票...
```

图 4.3.2　使用同步锁时程序的运行结果

4.4　线程间的协作

　　通常，多线程之间需要协调工作。例如，浏览器显示图片的线程 displayThread 想要
执行显示图片的任务，必须等待下载线程 downloadThread 将该图片下载完毕。如果图片
还没有下载完，displayThread 可以暂停，当 downloadThread 线程完成了任务后，再通知

displayThread 线程"图片准备完毕，可以显示了"，这时，displayThread 线程继续执行。

简单地说，如果条件不满足，则等待；如果条件满足，则等待该条件的线程将被唤醒。在 Java 中，这个机制的实现依赖于 wait/notify 方法。

线程间协作的常用方法如下：

● wait()方法用于释放已持有的锁、进入 wait 队伍；

● notifyAll()方法用于唤醒 wait 列队中所有的线程；

● notify()方法用于唤醒 wait 列队中的某个线程。

注意：

（1）wait()、notifyAll() 和 notify() 三种方法只能出现在 synchronized 作用的范围内。

（2）应用 wait() 方法后会阻塞线程。

（3）如果线程对一个指定的对象 x 发出一个 wait() 调用，则该线程会暂停执行，直到另一个线程对同一个指定的对象 x 发出一个 notify() 调用或 notifyAll()调用。

当线程 A 获得了对象 obj 后，发现条件 condition 不满足，无法继续下一处理，于是线程 A 就使用等待方法 wait()，其代码框架如下：

```
synchronized(obj) {
    while(!condition) {
        obj.wait();
    }
    obj.doSomething();
}
```

在线程 B 中，如果线程 B 使得线程 A 的 condition 条件满足了，则可以唤醒线程 A，其代码框架如下：

```
synchronized(obj) {
    condition = true;
    obj.notify();    //唤醒指定的线程
    //notifyAll();   //唤醒其他所有线程
}
```

【例 4.4.1】线程协作示例。

假定往篮子里放球与取球的规则如下：篮子只能装 1 个球；当篮子里无球时才能往里放球；当篮子里有球时才能从中取球。实现这个规则，就是解决 2 个线程间的协作问题，其程序代码如下：

```
import java.util.ArrayList;
import java.util.List;
public class WaitNotify {
    List<Object> balls = new ArrayList<Object>();
    int count_put = 1;    //计数
    int count_get = 1;
    public static void main(String args[]) {
```

```
        WaitNotify basket = new WaitNotify(); //创建被监视的对象
        for (int i = 0; i < 3; i++) {
            //下面两个线程操纵同一对象，需要协作
            new Thread(new AddThread(basket)).start();
            new Thread(new GetThread(basket)).start();
            //如果内部类没有使用 static 修饰时，则创建内部类的实例的方法如下：
            //new Thread(new WaitNotify().new GetThread(basket)).start();
        }
    }
    public synchronized void putball(Object ball) { //放球方法
        if (balls.size() > 0) {
            try {
                this.wait();    //阻塞线程
            } catch (InterruptedException e) {
            }
        }
        balls.add(ball);
        notifyAll(); // 唤醒阻塞队列的其他线程到就绪队列
        System.out.println("放第" + count_put + "个球");
        count_put++;
    }
    public synchronized Object getball(Object ball) { //取球方法
        if (balls.size() == 0) {
            try {
                //阻塞线程
                this.wait();
            } catch (InterruptedException e) {
            }
        }
        ball = balls.get(0);
        balls.clear(); // 清空篮子
        notifyAll(); // 唤醒阻塞队列的其他线程到就绪队列
        System.out.println("取第" + count_get + "个球");
        count_get++;
        return ball;
    }
    static class AddThread extends Thread { //内部静态类，放球线程
        private WaitNotify basket;
        private Object ball = new Object();

        public AddThread(WaitNotify basket) {    //构造方法
            this.basket = basket;
        }
        @Override
        public void run() {
            basket.putball(ball);
```

```
        }
    }
    static class GetThread extends Thread {    //内部静态类，取球线程
        private WaitNotify basket;
        private Object ball = new Object();
        public GetThread(WaitNotify basket) {    //构造方法
            this.basket = basket;
        }
        @Override
        public void run() {
            basket.getball(ball);
        }
    }
}
```

程序的运行结果如图 4.4.1 所示。

```
放第1个球
取第1个球
放第2个球
取第2个球
放第3个球
取第3个球
```

图 4.4.1 程序的运行结果

4.5 死锁

死锁是指两个或两个以上的进程在执行过程中，由于竞争资源或者由于彼此通信而造成的一种阻塞的现象，若无外力作用，它们都将无法推进下去。此时称系统处于死锁状态或系统产生了死锁，这些永远在互相等待的进程称为死锁进程。

【例 4.5.1】死锁示例。

创建两个字符串对象 obj1 和 obj2，再创建两个线程 Lock1 和 Lock2，让每个线程都用 synchronized 锁住字符串（Lock1 先锁 obj1，休眠片刻后再试图去锁 obj2；Lock2 先锁 obj2，也是休眠片刻后再试图去锁 obj1）。因为 Lock1 锁住 obj1，Lock2 锁住 obj2，Lock1 就没办法再锁 obj2，Lock2 也没办法再锁 obj1。所以，两个线程就陷入了死锁。

程序代码如下：

```
public class DeadLock { //死锁测试类
    public static String obj1 = "obj1";
    public static String obj2 = "obj2";
    public static void main(String[] args){
        new Thread(new Lock1()).start();
        //屏蔽本线程时，不会出现死锁
        new Thread(new Lock2()).start();
    }
}
```

```
//定义线程类
class Lock1 implements Runnable{
    @Override
    public void run(){
        try{
            System.out.println("Lock1 running");
            for(int i=0;i<2;i++){
                //锁住对象 obj1
                synchronized(DeadLock.obj1){
                    System.out.println("Lock1 lock obj1");
                    Thread.sleep(3000);   //休眠
                    //试图锁住对象 obj2
                    synchronized(DeadLock.obj2){
                        System.out.println("Lock1 lock obj2");
                    }
                }
            }
        }catch(Exception e){
            //输出栈信息
            e.printStackTrace();
        }
    }
}
class Lock2 implements Runnable{
    @Override
    public void run(){
        try{
            System.out.println("Lock2 running");
            for(int i=0;i<2;i++){
                // Lock2 锁住对象 obj2
                synchronized(DeadLock.obj2){
                    System.out.println("Lock2 lock obj2");
                    Thread.sleep(3000);
                    // Lock2 试图锁住对象 obj1
                    synchronized(DeadLock.obj1){
                        System.out.println("Lock2 lock obj1");
                    }
                }
            }
        }catch(Exception e){
            e.printStackTrace();
        }
    }
}
```

程序运行时，Lock1 获取 obj1，Lock2 获取 obj2，但是它们都没有办法再获取另一个对象，因为它们都在等待对方先释放锁，即出现死锁。此时，程序无法正常终止，控制台上的停止按钮可用。如果注释 main() 方法中的一个线程，如第 2 个线程，则不会出现死锁，如图 4.5.1 所示。

图 4.5.1　未使用同步锁时程序的运行结果

4.6　异步任务处理

方法调用分为同步调用和异步调用两类。打电话是一个典型的同步调用，发起者需要等待接收者，接通电话后，通信才开始。

相对同步而言，异步可以大大提高线程效率。现在的 CPU 都是多核的，使用异步处理可以同时做多项工作。广播就是一个典型的异步例子，发起者不关心接收者的状态，不需要等待接收者的返回信息。

【例 4.6.1】使用"接口+回调模式"实现异步任务处理。

程序代码如下：

```java
interface CSCallBack {   //回调模式-回调接口类，CS——ClientServer
    public void process(String status);
}
class Server {    //回调模式-模拟服务端类
    public void getClientMsg(CSCallBack csCallBack , String msg) { //接口类型参数
        System.out.println("服务端：服务端接收到客户端发送的消息为【" +
                                          msg+"】，经过 5 秒后...");
        System.out.println("--------------------------"); //模拟服务端需要对数据进行处理
        try {
            Thread.sleep(5 * 1000);   //休眠 5 秒
        } catch (InterruptedException e) {
            e.printStackTrace();
        }
        System.out.println("服务端:数据处理成功，返回成功状态【200】");
        String status = "200";
        csCallBack.process(status);   //在服务端调用接口方法
    }
```

```
    }
class Client implements CSCallBack {    //回调模式-模拟客户端类
    private Server server;    //类成员属性——服务器类型
    public Client(Server server) {
        this.server = server;
    }
    public void sendMsg(final String msg){    //类成员方法：发送信息方法
        System.out.println("客户端：发送的消息为：" + msg);
        new Thread(new Runnable() {    //创建并启动与服务器通信的线程
            public void run() {
                //第一参数为客户端对象，是 CSCallBack 接口类型
                server.getClientMsg(Client.this,msg);
            }
        }).start();
        System.out.println("客户端：异步发送成功");
    }
    public void process(String status) {    //实现接口方法
        System.out.println("客户端：服务端回调状态为【" + status+"】");
    }
}
public class TestAsyncTask {    //主测试类
    public static void main(String[] args) {
        Server server = new Server(); //创建服务端
        Client client = new Client(server);    //创建客户端
        client.sendMsg("Server,Hello~");    //客户端向服务端发送消息
        System.out.println("异步处理不会阻塞线程");    //异步测试
    }
}
```

程序运行时，客户端发送消息给服务端，服务端处理（5 秒）后，回调给客户端，告知处理成功，如图 4.6.1 所示。

```
客户端：发送的消息为：Server,Hello~
客户端：异步发送成功
异步处理不会阻塞主线程
服务端：服务端接收到客户端发送的消息为【Server,Hello~】，经过5秒后...
--------------------------
服务端:数据处理成功，返回成功状态【200】
客户端：服务端回调状态为【200】
```

图 4.6.1　程序的运行结果

习题 4

一、判断题

1. 如果线程死亡，它便不能运行。
2. 程序开发者必须创建一个线程去管理内存的分配。
3. 一个线程在调用它的 start() 方法之前，将一直处于出生期。
4. 当调用一个正在进行线程的 stop() 方法时，该线程便会进入休眠状态。
5. 在 Java 中，高优先级的可运行线程会抢占低优先级线程。

二、选择题

1. Java 语言中提供了一个____线程，可自动回收动态分配的内存。
   A. 异步　　　　　　B. 消费者　　　　　　C. 守护　　　　D. 垃圾收集
2. 下列原因中，不能导致线程无法运行的是____。
   A. 等待　　　　　　　　　　　　　　B. 阻塞
   C. 休眠　　　　　　　　　　　　　　D. 挂起及由于 I/O 操作而阻塞
3. 当____方法终止时，能使线程进入死亡状态。
   A. run　　　　　　　B. setPrority　　　　　C. yield　　　　D. sleep
4. 用____方法可以改变线程的优先级。
   A. run　　　　　　　B. setPrority　　　　　C. yield　　　　D. sleep
5. 线程通过____方法可以使具有相同优先级的线程获得处理器。
   A. run　　　　　　　B. setPrority　　　　　C. yield　　　　D. sleep
6. 线程通过____方法可以休眠一段时间，然后恢复运行。
   A. run　　　　　　　B. setPrority　　　　　C. yield　　　　D. sleep

三、填空题

1. 关键字____通常用来对对象加锁，从而使得对对象的访问是排他的。
2. Thread 类定义在包____中。
3. Thread 类的常量 NORM_PRIORITY 代表的优先级是____。
4. 最常使用的多线程实现方法是____。
5. 线程在新建和____状态调用 isAlive() 方法返回的值是 false。

实验 4

一、实验目的

（1）理解 Java 进程与线程的概念。

（2）理解使用 Java 多线程的益处。

（3）掌握 Java 多线程的创建方法。

（4）掌握 Java 线程同步的设计方法。

（5）掌握 Java 线程协作的设计方法。

（6）掌握 Java 异步任务处理。

（7）了解产生死锁的原因。

二、实验内容及步骤

访问上机实验网站（http://www.wustwzx.com/java），单击"4. 进程与线程"的超链接，下载本实验内容的源代码并解压，得到文件夹 Java_ch04。

1．线程的创建与使用

（1）在 eclipse 中导入项目 Java_ch04。

（2）打开程序 Ex4_1.java，查看实现 Runnable 接口创建线程类 HelloThread 的代码。

（3）查看 main() 方法创建线程对象的代码中的参数类型。

（4）查看启动（运行）线程的方法。

（5）查看创建与使用线程的另外两种方式。

2．多线程的创建与使用

（1）打开程序 Ex4_2.java，查看创建两个线程的方法。

（2）查看运行线程的方法。

（3）查看线程休眠使用的静态方法 Thread.sleep()。

（4）多次运行程序，验证每次运行的结果不同。

3．线程同步

（1）打开程序 Ex4_3a.java，并运行程序。

（2）分析多个售票窗口售出同一张票的原因。

（3）打开程序 Ex4_3b.java，并运行程序。

（4）查看增加代码块同步锁解决并发问题分析的代码。

4．Java 线程协作

（1）打开程序 WaitNotify.java，并运行程序。

（2）查看放球方法 putball() 的业务逻辑中的 wait() 方法和 notifyAll() 方法。

（3）查看放球方法 getball() 的业务逻辑中的 wait() 方法和 notifyAll() 方法。

（4）去掉修饰上述两个方法的关键字 synchronized，查看运行时异常。

5．Java 异步任务处理

（1）打开程序 Asynctask.java。

（2）使用 eclipse 的 Outline 视图，查看文件的整体架构。

（3）查看接口 CSCallBack 的定义。

（4）查看类 Server 中方法 getClientMsg() 中的业务逻辑。

（5）查看类 Client 的定义和方法 sendMsg() 定义的业务逻辑。

（6）运行程序，观察异步处理不会阻塞线程。

（7）总结"接口+回调模式"实现异步任务处理的步骤。

6．Java 死锁

（1）打开程序 DeadLock.java，并运行程序，观察控制台——程序未正常终止。

（2）查看线程类 Lock1 的 run() 方法的业务逻辑。

（3）查看线程类 Lock2 的 run() 方法的业务逻辑。

（4）总结运行程序时产生死锁的原因。

（5）在 main() 方法中屏蔽一个线程的运行，查验不会产生死锁。

三、实验小结及思考

（由学生填写，重点填写上机实验中遇到的问题。）

第 5 章

Java 集合框架与泛型

　　Java 集合框架为有效地组织和管理数据，提供了一些数据结构和算法。Java 集合框架主要由包 java.util 内的两个接口（Collection 和 Map）来定义，而包 java.lang 内的接口 Iterable 用于迭代集合对象。Java 集合框架设计以接口为基础，符合"松耦合"机制，合理地使用集合 API 可以为程序员提供许多便利。Java 集合框架在后续课程（如 Java EE 和 Android）中经常会使用。本章学习要点如下：

- 掌握 Java 集合框架的顶层结构；
- 掌握 Java 集合框架的层次结构（接口—抽象实现类—实现类）；
- 掌握接口 Collection 的子接口 List 的实现类 ArrayList 的使用；
- 掌握接口 Map 的实现类 HashMap 的使用；
- 掌握接口 List 嵌套接口 Map 的用法；
- 了解接口 Collection 的子接口 Set 和 Queue 的实现类的使用。

5.1　Java 集合框架概述与泛型

5.1.1　Java 集合框架的主要接口

　　由第 2 章的内容可知，数组是用来存储对象（当然可以存储基本数据类型）的一种容器，但是数组的长度是固定的（一旦创建后，数组长度不可更改），不适合在对象数量未知的情况下使用。此外，数组元素类型必须相同。

　　集合是由具有相同性质的一类事物所组成的一个整体，Java 集合只能存储对象，其对象类型可以不一样，长度也可变。

　　在 Java 集合框架里，接口 java.util. Collection 和接口 java. util. Map 是两个独立的接口。其中，接口 Collection 继承了接口 Iterable，接口 Map 间接继承了接口 Iterable（参见 5.3 节）。接口 List、Set 和 Queue 又分别是接口 Collection 的子接口，而接口 Map 没有包含任何子接口。

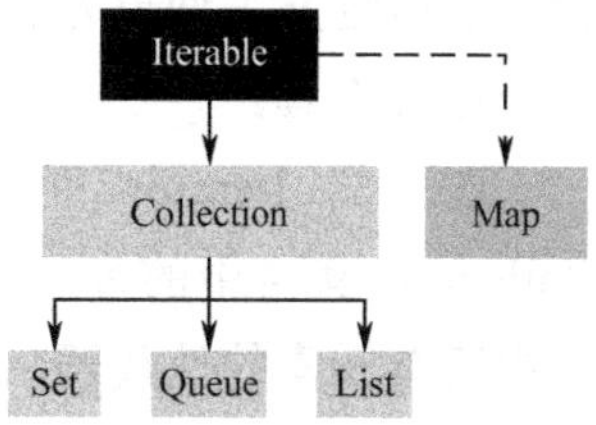

　　Java 主要集合框架如图 5.1.1 所示。

图 5.1.1　Java 主要集合框架的接口体系

注意：

（1）接口 Map 与接口 Collection 没有关系，是相互独立的。

（2）所有的集合类均直接或间接地实现了接口 Iterable。

5.1.2　迭代接口 Iterable 与迭代器 Iterator

为了遍历 Collection 集合元素，Java 引入了 Iterable 类型（Iterable 表示可迭代之意）。Java 接口 java.lang.Iterable 的抽象方法 iterator() 返回一个接口 Iterator 类型的对象。第一次调用接口 Iterator 的 next() 方法时，它返回序列的第一个元素。

Java 的迭代器接口 java.util.Iterator 定义了操作 Java 集合的方法，Iterator 用于遍历集合中元素，定义了以下三种方法：

● hasNext()：判断是否还有下一个元素。如果仍有元素可以迭代，则返回 true；

● next()：返回下一个元素；

● remove()：删除当前元素。

接口 java.lang.Iterable 和接口 java.util.Iterator 的定义（JDK 1.8 版本），如图 5.1.2 所示。

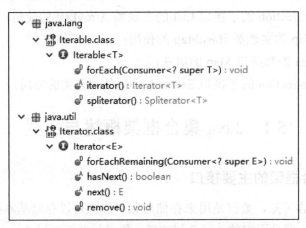

图 5.1.2　Java 可迭代接口与迭代器接口

接口 Iterable 和接口 Iterator 是两个相关联的接口。接口 Iterable 为所有 Collection 集合的遍历定义了抽象方法 iterator()，它的返回值是 Iterator 接口类型；而接口 Iterator 是一个迭代工具。

迭代器 Iterator 可以实现对 Collection 集合的迭代访问，即可以很方便地访问 Collection 集合中的每一个元素。Collection 接口提供了一个 iterator() 方法，用于获取集合中所有元素的迭代器，可以用此对象依次访问集合中的元素。

重复调用 next() 方法即可依次访问 Collection 集合中的元素，并在访问到达集合尾部时，抛出 NosuchElementExceptioin 异常。因此，调用 next() 方法前应先调用 hasNext() 方法判断集合中是否还有下一个元素未访问，如果还有此迭代器未访问到的元素，hasNext() 方法返回 true，否则返回 false。

如果需要访问集合中的所有元素,在满足 hasNext() 返回 true 的条件下,使用对应的 Iterator 对象反复调用 next() 方法,即可实现对所有元素的遍历,代码模板如下:

```
//先定义 Collection 集合对象 coll
Iterator   iter = coll.iterator();
while (iter.hasNext()){
    Object ob = iter.next();            //对 ob 的操作
}
```

对于 Collection 集合,可包含重复元素,并且元素是有顺序的。List 集合是一组允许重复且有序的元素,通过元素的 index 值(标明该元素在列表中的位置)来查找该元素。Set 集合不允许重复,并且对象之间没有指定的顺序。Queue 集合用于模拟队列这种数据结构,遵循"先进先出"的原则,不允许随机访问队列中的元素。

对 Map 集合遍历时,先得到键名的 Set 集合,再对 Set 集合进行遍历,得到相应的键值(即键名 key 到键值 value 的映射),其代码模板如下:

```
//先定义 Map 集合对象 map
Set<String>   ks = map.keySet();         //假定 Map 集合里键名类型为 String,生成 Set 集合
for (String key : ks) {
    //根据键名得到键值
    System.out.println("key= " + key + " and value= " + map.get(key));
}
// 也可使用 Collection 集合通用的迭代器进行迭代
```

注意:自 JDK 1.5 版本之后,Iterator 的应用逐渐淡出,取而代之的是 for 或 foreach(for 的简化版本)。

遍历 Map 集合的另一种方式是,先得到 Map 映射项(是键名和键值的统一体)的 Set 集合,再得到相应的键名的 Set 集合,进而遍历 Map 集合(详见 5.3.3 节)。

5.1.3　Java 泛型

泛型是 Java SE 1.5 版本之后的新特性。在 Java SE 1.5 版本之前,Java 通过对类型 Object 的引用来实现参数类型的"任意化",特点则是需要进行显式的强制类型转换,但编译器无法发现强制类型转换可能引起的异常,异常只有在运行时才出现,这将成为系统的安全隐患。

如今,在 Java 集合框架的 API 中,绝大部分接口和类都已经泛型化。事实上,在 eclipse-jee 中,通过链接跟踪方式,可以打开接口 List 的源码如下:

```
public interface List<E> extends Collection<E> {          //使用 E 定义泛型类
    int size();
    boolean isEmpty();
    boolean contains(Object o);
    Iterator<E> iterator();                                //使用 E 声明泛型方法
    Object[ ] toArray();
    <T> T[ ] toArray(T[ ] a);                              //方法及其参数使用了泛型 T
```

```
        boolean add(E e);
        //其他成员略
    }
```

上述代码表明：List<E>表示该集合由 E 类型的实例对象组成，即 E 是泛型。

泛型的本质是参数化类型，即所操作的数据类型被指定为一个参数，此参数类型可以用在类、接口和方法的声明及创建中，分别被称为泛型类、泛型接口及泛型方法。

注意：泛型能提高程序的通用性，定义泛型方法时需要使用一对尖括号<>来表示。

```
原数组: [1, 2, 3, 4, 5]
交换后: [1, 4, 3, 2, 5]
原数组: [aa, bb, cc, dd, ee]
交换后: [aa, dd, cc, bb, ee]
```

图 5.1.3 两个数组元素交换前后

【例 5.1.1】 使用 Java 泛型，分别输出数值数组与字符串数组中 2 号与 4 号元素交换的结果，如图 5.1.3 所示。

方法一：在成员方法声明及其方法内部分别使用泛型 T，而在类声明里没有使用泛型，程序代码如下：

```java
public class TestRawTypeMethod {
    // 定义交换数组中两个元素的泛型方法
    public static <T> void changePosition(T[] arr, int index1, int index2) {
        T temp = arr[index1];arr[index1] = arr[index2];arr[index2] = temp;
    }
    public static void main(String[ ] args) {
        Integer[] arr1 = new Integer[] { 1, 2, 3, 4, 5 };       //对象数组
        //int[]arr1=new int[]{1,2,3,4,5};                       //调用时会报错，泛型不是值类型
        System.out.println("原数组：" + Arrays.toString(arr1));   //输出数组
        changePosition(arr1, 1, 3);                            //交换位置
        System.out.println("交换后：" + Arrays.toString(arr1));   //输出数组
        String[] arr2 = new String[] { "aa", "bb", "cc", "dd", "ee" };
        System.out.println("原数组：" + Arrays.toString(arr2));   //输出数组
        changePosition(arr2, 1, 3);                            //交换位置
        System.out.println("交换后：" + Arrays.toString(arr2));   //输出数组
    }
}
```

方法二：先定义数组实用工具类 ArrayUtils，在类及其成员方法声明和方法代码中分别使用泛型 T，程序代码如下：

```java
import java.util.Arrays;
class ArrayUtils<T> {                                          //定义泛型类
    public void changePosition(T[] arr, int i, int j) {        //第一参数为对象数组
        T tem = arr[i];arr[i] = arr[j];arr[j] = tem;
    }
    public void reverse(T[] arr) {                             //倒序数组
        for (int i = 0; i < arr.length / 2; i++) {
            T tem = arr[i];arr[i] = arr[arr.length - 1 - i];
            arr[arr.length - 1 - i] = tem;
        }
    }
}
```

```
public class TestRawTypeClass {                                    //主类
    public static void main(String[] args) {
        ArrayUtils<Integer> au1 = new ArrayUtils<Integer>();//创建泛型类对象
        Integer[] arr1 = new Integer[] { 1, 2, 3, 4, 5 };
        System.out.println("原数组："+Arrays.toString(arr1)); //输出数组
        au1.reverse(arr1);                                  //调用泛型方法：倒排数组
        System.out.println("反转后 "+Arrays.toString(arr1)); //输出数组

        ArrayUtils<String> au2 = new ArrayUtils<String>();  //创建泛型类对象
        String[] arr2 = new String[] { "aa", "bb", "cc", "dd", "ee" };
        System.out.println("原数组："+Arrays.toString(arr2)); //输出数组
        au2.changePosition(arr2, 1, 3);                     //调用泛型方法：交换位置
        System.out.println("对换后 "+Arrays.toString(arr2)); //输出数组
    }
}
```

注意：如果不使用泛型方法或泛型类，则本例需要针对不同数据类型写多个方法。

5.2　Collection 集合及其遍历

接口 Collection 定义一组抽象方法，用于实现集合元素的通用操作，如增加、删除（一个元素或所有元素）、查询、统计集合元素个数、转换为数组和遍历集合等，如图 5.2.1 所示。

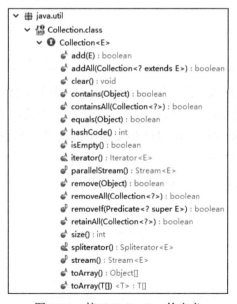

图 5.2.1　接口 Collection 的定义

注意：

（1）接口 Collection 定义的抽象方法，在其实现类 ArrayList、HashSet 和 LinkedList 中以不同的方式实现。

（2）Collection 集合中的 size() 方法对应于数组中的 length 属性，用于统计元素个数。

（3）工具类 java.util.Collections 提供了各种有关集合操作的静态方法，如排序方法 sort() 等。

（4）泛型方法 toArray(T[])将 Java 集合对象转化为数组 T[]，常用于通用类设计。

5.2.1 List 接口及其常用实现类

List 集合是一组能包含重复元素的有序集合。与数组一样，List 集合的首元素的索引也是 0。List 集合有如下特征：

● 元素有序排列；
● 可以有重复元素；
● 可以随机访问，即通过元素索引来快速访问元素。

List 接口作为 Collection 接口的子接口，大部分是继承 Collection 接口的方法，此外，少量提供了一些方法，如表 5.2.1 所示。

表 5.2.1　List 接口的常用方法

方法参数及返回值类型	方法功能描述
E　get (int)	获取集合中指定位置的元素
E　set(int,E)	用指定的元素替换指定位置上的元素
void　add(int,E)	把新元素插入到集合中指定位置
int　indexOf(object)	获取指定元素在集合中第一次出现的位置
int　lastIndexOf(object)	获取指定元素在集合中最后出现的位置
E　remove(int)	删除指定位置的元素
List<E>　subList(int, int)	获取集合中起止位置元素所组成的子列表

List 接口有不同的实现类，抽象类 AbstractList 提供 List 接口的骨干实现，从而最大限度地减少了实现由"随机访问"数据存储（如数组）支持的接口所需的工作。另外，List 接口定义了一些抽象方法用以对这些实现类方法进行抽象。List 接口的实现类有 ArrayList、LinkedList 和 Vector 等。

List 接口的实现类及其继承关系，如图 5.2.2 所示。

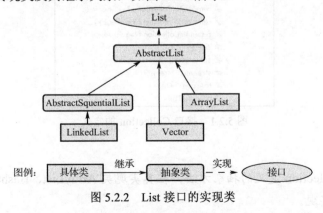

图 5.2.2　List 接口的实现类

注意：

（1）当需要保留存储顺序，并且保留重复元素时，使用 List 集合。

（2）具体类的选取原则是：查询较多时，使用 ArrayList 类；存取较多时，使用 LinkedList 类；需要线程安全时，使用 Vector 类。

1．ArrayList

ArrayList 类的内部实现基于内部数组 Object[]，类似于可变长的数组。在 ArrayList 的前面或中间插入数据时，必须将其后的所有元素顺序地后移，需花费较多时间，因此，当程序主要是在后面添加元素，并且需要随机地访问其中的元素时，使用 ArrayList 能得到较好的性能。

注意：

（1）ArrayList 创建的集合，相应于线性表中的顺序表，优点是适合随机查找，不适合插入和删除。

（2）java.util.Arrays 类主要提供了用于操作 List 集合的静态方法，如 toString() 和 sort() 等。

（3）定义 List 集合时，应用泛型才能保证类型安全。

【例 5.2.1】 测试 List 接口及其实现类 ArrayList 和工具类 Arrays。

测试程序的源代码如下：

```java
import java.util.ArrayList;
import java.util.Arrays;
import java.util.List;
public class ArrayAndList {
    public static void main(String[] args) {
        //创建一个只能插入 String 类型元素的 List 对象
        List<String> names = new ArrayList<String>();    // List 集合不必指定大小
        names.add("张三");
        System.out.println(names.get(0));             //获取
        // 下一行代码无法编译通过，使用泛型后编译器将进行类型检查
        // names.add(new Integer(4));                 //只能添加 String 类型的对象
        List list = new ArrayList();                  //未使用泛型，类型不安全
        list.add("测试"); list.add(20);               //List 集合长度可变
        System.out.println(list.get(0));              //获取 List 集合元素，使用方法 get()
        System.out.println(list.get(1));
        Object[] array = list.toArray();              //List 集合转数组
        System.out.println("对应的 Object[]数组： " + Arrays.toString(array));
        // 调用类 Arrays 输出数组全部元素
        System.out.println("输出数组的第一个元素： " + array[0]); //使用[]和下标
        System.out.println("数组 array 不能再添加元素，但 List 集合可以");
        list.add(30);
        System.out.println("List 集合又添加了一个元素");
        System.out.println("集合长度： " + list.size());
```

```
                System.out.println("数组长度：" + array.length);
        }
    }
```

程序包含了 List 集合长度可变、使用泛型时类型安全和工具类 Arrays 的使用，其运行结果如图 5.2.3 所示。

```
张三
-------------------
测试
20
对应的Object[]数组：[测试, 20]
输出数组的第一个元素：测试
数组array不能再添加元素，但List集合可以
List集合又添加了一个元素
集合长度：3
数组长度：2
```

图 5.2.3 程序的运行结果

2. LinkedList

LinkedList 类的内部实现基于一组连接的记录，类似于一个链表结构。访问 LinkedList 集合中的某个元素时，就必须从链表的一端开始沿着链接方向逐个元素地查找，直到找到所需的元素为止，但将元素添加到原有元素中间时效率很高。因此，当程序需要经常在指定位置添加元素，并且按照顺序访问其中的元素时，优先使用 LinkedList。

ArrayList 类常用的方法与 List 接口基本相同，LinkedList 类则比 List 接口多了一些方便操作头元素和尾元素的方法。增加的常用方法如表 5.2.2 所示。

表 5.2.2 LinkedList 增加的常用方法

方　　法	描　　述
void　addFirst(E e)	把新元素插入到列表中的最前位置
void　addLast(E e)	把新元素插入到列表中的最后位置
E　getFirst( )	获取列表中最前位置的元素
E　getLast( )	获取列表中最后位置的元素
E　peek( )	获取列表中最前位置的元素，但此元素仍保留在列表中
E　peekFirst( )	获取列表中最前位置的元素，但此元素仍保留在列表中
E　peekLast( )	获取列表中最后位置的元素，但此元素仍保留在列表中
E　poll( )	获取列表中最前位置的元素，同时把此元素从列表中删除
E　pollFirst( )	获取列表中最前位置的元素，同时把此元素从列表中删除
E　pollLast( )	获取列表中最后位置的元素，同时把此元素从列表中删除
E　pop( )	从栈中弹出栈顶元素
void　push(E e)	把指定元素压入到栈顶

注意：

（1）使用 LinkedList 创建的集合，相应于线性表中的链表，它的优缺点与顺序表正好相反。

（2）实际编程中，使用像 List 这样的通用接口，不用关心具体的实现，即性能由具体的实现来保证。

3. Vector

Vector 的方法都是同步、线程安全的，即某一时刻只有一个线程能够写 Vector；而 ArrayList 的方法不是。

如果有多个线程会访问到集合，那么最好使用 Vector，因为此时不需要再去考虑和编写线程安全的代码。但是，为实现线程同步，Vector 的性能比 ArrayList 和 LinkedList 要低。

注意：Vector 的用法，参见 10.1 节（打坦克游戏）。

5.2.2　Set 集合接口及实现类

Set 集合是一种无重复、无指定顺序的元素的集合。Set 接口是最常用的基本接口之一，它继承 Collection 接口，如果不需要保留存储顺序，并且需要去掉重复元素，则应使用 Set 接口。

接口 Set 的定义如图 5.2.4 所示。

就常用方法而言，Set 接口与 Collection 接口基本一致。

```
public interface Set<E> extends Collection<E> {
    int size();
    boolean isEmpty();
    boolean contains(Object o);
    ......

    @Override
    default Spliterator<E> spliterator() {
        return Spliterators.spliterator(this, Spliterator.DISTINCT);
    }
}
```

```
Set<E>
    size() : int
    isEmpty() : boolean
    contains(Object) : boolean
    iterator() : Iterator<E>
    toArray() : Object[]
    toArray(T[]) <T> : T[]
    add(E) : boolean
    remove(Object) : boolean
    containsAll(Collection<?>) : boolean
    addAll(Collection<? extends E>) : boolean
    retainAll(Collection<?>) : boolean
    removeAll(Collection<?>) : boolean
    clear() : void
    equals(Object) : boolean
    hashCode() : int
    spliterator() : Spliterator<E>
```

图 5.2.4　接口 Set 的定义示意图

注意：相对于接口 Collection，子接口 Set 没有定义特有的方法。

Set 接口有多种实现类，主要有 HashSet、TreeSet、SortedSet 及 LinkedHashSet。

Set 接口的三种常用实现类的特点如下：

- 如果不需要排序，则使用 HashSet 类，其效率比 TreeSet 类高；
- 如果需要将元素排序，那么使用 TreeSet 类；
- 如果需要保留存储顺序，又要过滤重复元素，则使用 LinkedHashSet 类。

1．HashSet

HashSet 存储元素的顺序并不是按照存入时的顺序（与 List 不同），元素是按照哈希码（hashCode）值来存入的，取数据也是按照哈希码值取的（即 HashSet 类是将元素存储在散列表中），因此，HashSet 适合用于不需要有序的元素序列，并能快速查找特定元素。

【例 5.2.2】 测试 Set 接口及其实现类 HashSet。

测试程序的源代码如下：

```java
import java.util.HashSet;
import java.util.Iterator;
public class TestHashSet2 {
    private static String[] stuNames = { "张三", "李四", "王五", "陈六", "赵七", "李四" };
    public static void main(String[] args) {
        HashSet<String> names = new HashSet<String>(10);    //指定容量
        for (int i = 0; i < stuNames.length; i++) {
            names.add(stuNames[i]);                         //添加元素
        }
        Iterator<String> iter = names.iterator();
        while (iter.hasNext()) {                            //使用迭代器遍历
            System.out.print(iter.next() + "   ");
        }
        System.out.println();

        // 容量不同，则元素存储顺序发生改变
        names = new HashSet<String>(100);                   //指定不同容量
        for (int i = 0; i < stuNames.length; i++) {
            names.add(stuNames[i]);                         //添加元素
        }
        for(String ele:names) {                             //另一种遍历方式
            System.out.print(ele + "   ");
        }

    }
}
```

程序开始就指定了 HashSet 的容量，并重复添加了元素"李四"，但 HashSet 并不存储重复元素。因此，运行输出时，"李四"只出现了一次。第二次创建 HashSet 时，添加了相同的元素，但由于 HashSet 的容量改变，元素存储的顺序就发生了变化。程序运行结果如图 5.2.5 所示。

```
李四 张三 王五 陈六 赵七
陈六 赵七 李四 张三 王五
```

图 5.2.5　程序的运行结果

2．TreeSet

TreeSet 将元素存储在树中，但元素按有序方式存储，可以按任何次序向 TreeSet 中添加元素，但遍历 TreeSet 时，元素出现的序列是有序的。在 TreeSet 中插入元素的效率要低于在 HashSet 中插入元素的效率，但是比把元素插入到数组或链表的合适位置要快。

TreeSet 增加的常用方法如表 5.2.3 所示。

表 5.2.3　TreeSet 增加的常用方法

方　　法	功　能　描　述
E　first( )	获得当前第一个（最低）元素
E　floor(E e)	获得当前集合中小于等于指定元素的最大元素
E　higher(E e)	获得当前集合中大于指定元素的最小元素
E　last( )	获得最后（最大）元素
E　pollFirst( )	获得第一个（最低）元素，并把此元素从集合中删除
E　pollLast( )	获得最后（最高）元素，并把此元素从集合中删除

注意：TreeSet 底层是一个二叉树结构，需要数据结构课程的相关知识，此处不再详述。

3．LinkedHashSet

LinkedHashSet 集合同样是根据元素的哈希码值来决定元素的存储位置。但是，它同时使用链表来维护元素的次序，这样使得元素看起来像是以插入顺序保存的。也就是说，当遍历该集合时，LinkedHashSet 将会以元素的添加顺序访问集合的元素。

LinkedHashSet 在迭代访问 Set 集合中的全部元素时，性能要优于 HashSet，但是插入性能稍微逊色于 HashSet。

5.2.3　队列接口 Queue 及实现类

队列接口 Queue 用来表示先入先出（FIFO）的数据结构，接口 Queue 继承 Collection 接口，其定义如图 5.2.6 所示。

前面介绍的 LinkedList 类是 List 接口的实现类，同时也是 Queue 接口的实现类，因此，可以使用 LinkedList 类来创建队列。LinkedList 类的定义如图 5.2.7 所示。

注意：在数据结构中，链式队列和链栈是特殊的链式线性表。

```
public interface Queue<E> extends Collection<E> {
    boolean add(E e);
    boolean offer(E e);
    E remove();
    ......
}
```

∨ ① Queue<E>
● ᴬ add(E) : boolean
● ᴬ offer(E) : boolean
● ᴬ remove() : E
● ᴬ poll() : E
● ᴬ element() : E
● ᴬ peek() : E

图 5.2.6　接口 Queue 的定义

```
public class LinkedList<E>
    extends AbstractSequentialList<E>
    implements List<E>, Deque<E>, Cloneable, java.io.Serializable
{
    transient int size = 0;
    transient Node<E> first;
    transient Node<E> last;
    public LinkedList(){
    }

    public LinkedList(Collection<? extends E> c) {
        this();
        addAll(c);
    }
} ......
```

图 5.2.7　LinkedList 类的定义

【例 5.2.3】　测试 Queue 接口及其实现类 LinkedList。

测试链队程序的源代码如下：

```
import java.util.LinkedList;
import java.util.Queue;
public class TestQueue{
    public static void main(String[] args) {
        //创建链队
        Queue<String> queue = new LinkedList<String>();
        //添加元素
        queue.offer("a");
        queue.offer("b"); queue.offer("c");
        queue.offer("d"); queue.offer("e");
        for(String q : queue){
            System.out.print(q);
        }
        System.out.println();
        //返回首个元素并从队列中删除
        System.out.print("poll="+queue.poll()+"   ");
        for(String q : queue){
            System.out.print(q);
        }
        System.out.println();
```

```
//add() 和 remove() 方法在失败的时候会抛出异常（不推荐）
queue.add("a");
//返回队列首个元素//返回第一个元素，队列空时抛出异常
System.out.print("element="+queue.element()+"    ");
for(String q : queue){
    System.out.print(q);
}
System.out.println();

//返回队列首个元素，队列空时返回 null
System.out.print("peek="+queue.peek()+"    ");
for(String q : queue){
    System.out.print(q);
}
System.out.println();
    }
}
```

程序开始创建一个链队，包含 5 个元素，分别使用 poll()、add()、element() 和 peek() 方法后，输出队列的效果，如图 5.2.8 所示。

```
abcde
poll=a  bcde
element=b  bcdea
peek=b  bcdea
```

图 5.2.8　程序的运行结果

5.3　Map 集合及其遍历

5.3.1　Map 接口

Map 接口是另一个重要的集合接口，用来存储一组成对的对象。Map 集合中存储的是键值对，键名不能重复，键值可以重复。Map 表示"键-值"成对的一组对象（key-value），它不能有重复的 key，但可以有重复的 value。

与接口 Collection 类似，接口 Map 也提供了一组抽象方法，用于对 Map 集合中元素进行增加、删除、查询和统计等，它在 HashMap 等实现类中得到了实现。

接口 Map 的几个重要方法分别是 keySet()、put()、get() 和 size()，分别用于获取键名集合、存放键-值对、获取键名所对应的键值及统计元素个数。Map 接口的定义如图 5.3.1 所示。

接口 Map 并未继承接口 Interable，这与接口 Collection 不同。接口 Map 提供了返回值类型为 Set< Entry<K,V>>的方法 entrySet()。Entry<K,V>是接口 Map 的内部接口，表示 Map 集合项，并提供了从集合项中获取键名的方法 getKey() 和获取键值的方法 getValue() 等。

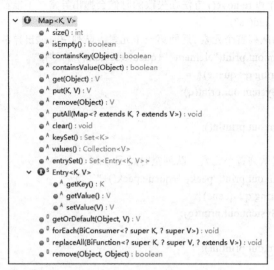

图 5.3.1　Map 接口的定义

注意：因为是对 Set< Entry<K,V>>应用迭代器，所以，可以认为 Map 接口间接实现了 Iterable 接口。

5.3.2　Map 实现类 HashMap 及其他实现类

集合是一种数据结构，可以包含其他对象的引用，相当于装载其他对象的容器。合理地使用集合 API 可以为程序员提供多方面的便利，使程序开发人员能将注意力集中到程序的重要部分而无须过度关注底层设计，减少程序设计中为转换对象类型而编写代码的工作量。集合 API 通过提供对数据结构和算法的高性能和高质量实现，保证了程序的执行速度和质量。

集合接口声明的是可以对每种集合类型所执行的各种方法，集合的实现类以特殊的方式执行这些方法。绝大部分处理集合的类与接口位于 java.util 包。

集合 API 分为两大类：以 Collection 为接口的元素集合类型和以 Map 为接口的映射集合类型。Collection 类型又分为 Set 和 List，Collection 接口包含大量方法用于添加、删除、比较集合中的元素，Collection 集合也可以转换成数组。

集合框架中 Set 的特征是其元素无重复且无序，因此 Set 接口及其实现类没有按下标进行添加、删除、访问的方法。Set 接口的实现类有 HashSet、TreeSet 及子类LinkedHashSet，这三个类是非线程安全的。TreeSet 是基于树结构的集合，LinkedHashSet 具备按照插入先后顺序访问的功能，HashSet 访问元素的顺序是不确定的，TreeSet 的访问顺序是按照树接口的顺序访问。

Map 接口的实现类有 HashMap、IdentityHashMap、WeakHashMap、TreeMap，以及LinkedHashMap 子类，这些类都是非线程安全的。WeakHashMap 是一种改进的 HashMap，如果一个 key 不再被外部所引用，那么该 key 可以被垃圾回收器回收。HashTable 是线程安全的，HashTable 不能插入 null 空元素。

Map 接口是映射类的顶层接口，SortedMap 接口提供了排序功能，最经常使用到的已实现 Map 接口的类有 HashMap 和 TreeMap。HashMap 对"键"进行散列；TreeMap 实现了 SortedMap 接口，通过用排序方法根据元素的键的排序结果把元素组织到树中。

Map 接口及其实现类，如图 5.3.2 所示。

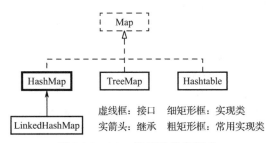

图 5.3.2　Map 接口及其实现类

注意：

（1）Map 接口不能包含重复的 key，但是可以包含相同的 value。

（2）跟踪 Java 集合框架的相关接口与类可知，HashMap 实际上继承抽象类 AbstractMap，而 AbstractMap 实现接口 Map。因此，HashMap 间接实现接口 Map。

（3）LinkedHashMap 内部维持了一个双向链表，因此，它保持了键名顺序。

（4）Hashtable 和 HashMap 在性能方面的比较类似 Vector 和 ArrayList，例如，Hashtable 的方法是同步的，而 HashMap 的方法不是。

【例 5.3.1】 测试 Map 集合及其实现类 HashMap。

测试程序的源代码如下：

```
import java.util.HashMap;
import java.util.Iterator;
import java.util.Map;
import java.util.Set;
public class TestMap {
    public static void main(String[] args) {
        // 创建 Map 集合对象，根据课程查学分
        Map<String, Float> course = new HashMap<String, Float>();
        course.put("Java", new Float(3.0));
        course.put("Java EE", new Float(2.5));
        course.put("Android", new Float(2.5));

        // Map 集合的相关方法

        //获取 Map 集合对象 course 中所有 key 对象的集合
        Set<String> set = course.keySet();
        //HashSet<String> set = (HashSet<String>) course.keySet();
        System.out.println("Map 集合大小: " + set.size());
        System.out.println("集合中包含课程 JavaEE 吗？: " + set.contains("JavaEE"));
        System.out.println("集合中包含课程 Java EE 吗？: " + set.contains("Java EE"));
```

```
        System.out.println("Java EE 课程的学分：" + course.get("Java EE"));
        // 迭代 Map 集合
        System.out.println("使用迭代器遍历结果：");
        Iterator<String> it = set.iterator();
        while (it.hasNext()) {
            String key = it.next();
            System.out.println(key + "---" + course.get(key));
        }
        // 迭代 Map 集合
        System.out.println("使用 for 循环遍历结果：");
        for (String key : set) {
            System.out.println(key + "---" + course.get(key));
        }
    }
}
```

测试程序包含了 Map 集合的创建、得到键名集合和键值的遍历，其运行结果如图 5.3.3 所示。

```
Map集合大小：3
集合中包含课程JavaEE吗？：false
集合中包含课程Java EE吗？：true
Java EE课程的学分：2.5
使用迭代器遍历结果：
Java EE---2.5
Java---3.0
Android---2.5
使用for循环遍历结果：
Java EE---2.5
Java---3.0
Android---2.5
```

图 5.3.3　程序的运行结果

【例 5.3.2】 显示二维表数据的两种实现方式。

程序的源代码如下：

```
import java.util.ArrayList;
/*
 * 存储二维表数据的两种实现方式：
 * （1）在 List 集合里嵌套 Map 集合
 * （2）定义与使用实体类，作为 List 元素类型
 */
import java.util.HashMap;
import java.util.List;
import java.util.Map;
public class MapInList {
    public static void main(String[] args) {
        //二维表数据实现方式一
        List<Map<String, Object>> persons = new ArrayList<Map<String, Object>>();
        Map<String, Object> person1 = new HashMap<String, Object>();    //记录
        person1.put("id", 1);
```

```
            person1.put("name", "张三");
            person1.put("salary", 5000);
            persons.add(person1);
            Map<String, Object> person2 = new HashMap<String, Object>();
            person2.put("id", 2);
            person2.put("name", "李四");
            person2.put("salary", 5800);
            persons.add(person2);
            Map<String, Object> person3 = new HashMap<String, Object>();
            person3.put("id", 3);
            person3.put("name", "王五");
            person3.put("salary", 5500);
            persons.add(person3);
            System.out.println("遍历结果如下：");
            for(int i=0;i<persons.size();i++) {
                System.out.println(persons.get(i));
            }
            /* List<Person>    persons=new ArrayList<Person>();       //实现方式二
            Person person1=new Person(1, "张三", 5000);
            Person person2=new Person(2, "李四", 5800);
            Person person3=new Person(3, "王五", 5500);
            persons.add(person1);
            persons.add(person2);
            persons.add(person3);
            System.out.println("遍历结果如下：");
            for(Person person:persons) {
                System.out.println(person);
            }*/
    }
}
/* class Person {    //本实体类包含了构造方法、Setter/Getter
        int id;
        String name;
        int salary;
        //以下方法都是在 eclipse 中自动生成，右键菜单 Source-Generate Getters/Setters
        public Person(int id, String name, int salary) {
            this.id = id;
            this.name = name;
            this.salary = salary;
        }
        public int getId() {
            return id;
        }
        public void setId(int id) {
            this.id = id;
        }
```

```
        public String getName() {
            return name;
        }
        public void setName(String name) {
            this.name = name;
        }
        public int getSalary() {
            return salary;
        }
        public void setSalary(int salary) {
            this.salary = salary;
        }
        @Override
        public String toString() {    //供方式二输出时使用
            return "Person{" + "id=" + id + ", name='" + name + '\" + ", salary=" + salary + '}';
        }
    } */
```

程序的两种运行结果如图 5.3.4 所示。

```
遍历结果如下：                    遍历结果如下：
{name=张三, id=1, salary=5000}   Person{id=1, name='张三', salary=5000}
{name=李四, id=2, salary=5800}   Person{id=2, name='李四', salary=5800}
{name=王五, id=3, salary=5500}   Person{id=3, name='王五', salary=5500}
```

图 5.3.4　程序的两种运行结果

注意：

（1）实体类方式将在后续课程（如 Android 和 Java Web）中广泛使用。

（2）使用方式二输出的结果，与方式一略有不同。

（3）方式一输出结果表明，输出 Map 对象时并未按照创建 Map 对象时的键值顺序。使用 LinkedHashMap 替换 HashMap，则为创建 Map 对象时的键值顺序（请读者自行验证）。

5.3.3　使用 Map.Entry 遍历 Map 集合

有时进行元素查找时，希望通过某些关键信息来查找与之相关的对象，如在地址簿中通过姓名查找相应的地址。映射类就是解决此类问题的数据结构之一，映射类储存的数据是"键-值"对，将"键"与"值"关联起来，给出键（key）就可以查找到与之相关的值（value）。

Map 接口的方法 entrySet() 是将 Map 集合里的每一个"键-值"对取出来封装成一个 Entry 类型的对象，并存到一个 Set 集合里。

接口 Map.Entry 是 Map 集合中的一个内部接口，表示一个映射项（里面有 key 和 value），Map.entrySet() 方法的结果类型是 Set<Map.Entry<K,V>>。

内部接口 Map.Entry 提供了 getKey() 和 getValue() 方法，从一个 Entry 项中取出 key

和 value。

【例 5.3.3】　测试 Map 集合的内部接口 Entry。

测试程序的源代码如下：

```java
import java.util.HashMap;
import java.util.Iterator;
import java.util.Map;
import java.util.Map.Entry; //内部接口
import java.util.Set;
public class MapEntry {
    static Map<String, String> map;
    static Set<String> keySet;
    static Set<Entry<String, String>> entrySet;    //Map 映射项的集合
    public static void main(String[] args) {
        map = new HashMap<String, String>();
        map.put("1", "value1");
        map.put("2", "value2");
        map.put("3", "value3");
        entrySet = map.entrySet(); //Map 映射项的集合
        //使用 iterator 遍历 key 和 value
        Iterator<Entry<String, String>> it = entrySet.iterator();
        while (it.hasNext()) {
            Map.Entry<String, String> entry = it.next(); //一个映射项
            System.out.println("key= " + entry.getKey() +
                                        " and value= " + entry.getValue());
        }
        /*    for (Map.Entry<String, String> entry : entrySet) { //另一种遍历方式
            System.out.println("key= " + entry.getKey() +
                                        " and value= " + entry.getValue());
        }*/
    }
}
```

测试程序主要包含了从 Map 集合创建它的映射项 Entry 的 Set 集合，进而遍历该集合，其运行结果如图 5.3.5 所示。

```
key= 1 and value= value1
key= 2 and value= value2
key= 3 and value= value3
```

图 5.3.5　程序的运行结果

习题 5

一、判断题

1. Java 集合框架中不同的容器存储不同结构的数据。
2. Java 集合和迭代器支持使用泛型。
3. Map 集合对象具有 iterator() 方法。
4. 接口 List 对接口 Collection 的扩展在于增加了面向位置的操作。
5. 接口 Collection 和接口 Map 都定义了抽象方法 iterator()。

二、选择题

1. 接口 List 定义的下列方法中，不是继承父接口 Collection 的是____。
   A. size   B. iterator   C. get   D. contains
2. 向 Map 集合添加元素所使用的方法是____。
   A. add   B. put   C. insert   D. get
3. 下列关于接口 Collection 及其子接口的说法中，不正确的是____。
   A. Collection 表示一组允许重复的对象，对象之间没有指定的顺序关系
   B. List 表示允许重复且有顺序关系的一组对象
   C. Set 表示不允许重复且没有顺序关系的一组对象
   D. Queue 表示先进后出的一组对象
4. 关于 Java 集合框架，下列说法中不正确的是____。
   A. 接口 Collection 和 Map 均继承接口 Iterable
   B. 接口 Iterable 定义了抽象方法 iterator()
   C. 接口 List 和 Set 都是 Collection 的子接口
   D. ArrayList 是 List 接口的实现类
5. 关于 Java 集合框架，下列说法中不正确的是____。
   A. List、Set 和 Queue 均是接口 Collection 的子接口
   B. ArrayList 是接口 List 的实现类
   C. 获取 Map 集合大小的方法是 length()
   D. HashMap 是 Map 接口的实现类

三、填空题

1. 处理 Java 集合的绝大部分接口和类位于软件包____中。
2. Java 的____接口定义集合元素不允许重复且没有指定的顺序关系。
3. 在元素的插入与删除方面，LinkedList 的速度比 ArrayList____。
4. 向 List、Set 和 Queue 三种集合添加元素，都是使用___方法。
5. 取出队列首个元素并从队列中删除该元素的方法是___。
6. 迭代器游标只能单向移动，得到下一个元素的方法是___。

实验 5

一、实验目的

1. 掌握 Java 泛型方法（泛型类）的使用。

2. 掌握集合 Collection（List 集合）与数组的区别和联系，以及常用 List 实现类的使用。

3. 掌握 Map 集合的使用，以及与 List 集合的综合运用。

4. 了解 Set 集合和 Queue 集合（队列）的使用。

二、实验内容及步骤

访问上机实验网站（http://www.wustwzx.com/java），单击"5. Java 集合框架与泛型"的超链接，下载本实验内容的源代码（含素材）并解压，得到文件夹 Java_ch05。

1. 泛型方法（泛型类）的定义与使用

（1）在 eclipse 中导入项目 Java_ch05。

（2）打开源程序 Ex5_1.java，查看两个非泛型方法 changePosition() 的定义（同名方法但参数类型不同，用于重载）。

（3）查看 main() 方法中对上面两个非泛型方法的调用。

（4）打开源程序 Ex5_1a.java，查看泛型方法 changePosition() 的定义。

（5）查看 main() 方法中对泛型方法的调用（参数不能为值类型）。

（6）打开源程序 Ex5_1b.java，查看泛型类 ArrayUtils<T>的定义。

（7）查看测试类 Ex5_1b 的 main() 中泛型类 ArrayUtils<T>对象的创建及使用。

2. 集合 Collection（List 集合）与数组的区别和联系、常用 List 实现类的使用

（1）打开源程序 Ex5_2.java，查看泛型集合 ArrayList<String> names 的创建。

（2）查看为集合对象 names 增加元素的代码。

（3）验证不能为集合对象 names 增加 String 类型以外的元素。

（4）查看集合对象 List 的创建。

（5）验证可以向 list 对象添加除基本数据类型以外的任意类型的数据。

（6）总结访问 List 集合元素的方法（使用下标）。

（7）了解 List 作为动态数组的用法。

3. Set 集合的创建及遍历

（1）打开源程序 Ex5_3.java，查看根据字符串数组创建 Set 集合的方法。其中，数组包含了重复的元素。

（2）查看向 Set 集合增加元素的方法。

（3）查看使用迭代器遍历 Set 集合的方法。观察输出元素的顺序及个数（重复的元素只输出一次）。

（4）运行程序，查验增加元素后再输出的顺序变化。

4．Map 集合与 Set 集合的使用

（1）打开源程序 Ex5_5.java，查看创建 Map 集合对象 course 的创建过程。

（2）查看从 Map 集合生成 Set 集合对象 set 的方法。

（3）查看使用迭代器 Iterator 遍历 Map 集合的方法。

（4）查看使用 for 循环遍历 Set 集合的方法。

（5）打开源程序 Ex5_6.java，查看 Map 集合的内部接口 Entry 的使用。

（6）打开源程序 Ex5_7.java，查看在 List 集合中嵌套 Map 集合的用法。

（7）注释实体类 Person 的 get/set 方法，使用 eclipse 右键快捷菜单，自动生成实体类 Person 的 get/set 方法。

（8）查看使用实体类 Person 和 List 集合表示二维表数据的方法。

三、实验小结及思考

（由学生填写，重点填写上机实验中遇到的问题。）

第 6 章

Java UI 设计及图形功能

图形用户界面（Graphic User Interface，GUI）是电脑与人沟通的窗口，在应用程序开发中占有重要的地位。Java 语言提供了一整套开发 GUI 的程序工具，最初的版本称为抽象窗口工具集（Abstract Window Toolkit，AWT）。Swing 版是对 AWT 的扩充，提供了易于使用的容器和组件，并修正了 AWT 在不同平台上呈现不同外观的问题。AWT 和 Swing 是 Java 基础类库（Java Foundation Class，JFC）的重要组成部分，提供了用于扩展早期 JDK 的 API。本章介绍了 GUI 设计所必须掌握的布局、组件、事件监听器和图形绘制等，学习要点如下：

- 掌握容器的分类及常用的布局方法；
- 掌握 Java 绘图等多媒体功能；
- 了解 Java 小程序 Applet 的使用特点；
- 掌握顶层容器 JFrame 的作用及常用方法；
- 掌握中间容器 JPanel 的作用及常用方法；
- 掌握 JLabel、JtextField 和 JcomboBox 等常用组件的用法；
- 掌握 Java 的事件处理机制；
- 掌握三个重要监听接口 ActionListener、KeyListener 和 ItemListener 的使用。

6.1　抽象窗口工具集 AWT

6.1.1　Java AWT 概述

Java AWT 是开发 GUI 的程序工具的最初版本。利用 AWT，可在容器中创建标签、按钮、复选框、文本框等用户界面元素，这些类被存放在 java.awt 包中。此外，AWT 还提供了布局管理器类。

java.awt 包中包含了一个完整的类集以支持 GUI 程序的设计，如图 6.1.1 所示。

组件（Component）是 Java 图形用户界面的最基本组成部分，是一个可以图形化的方式显示在屏幕上并能与用户进行交互的对象，如一个按钮、一个标签等。

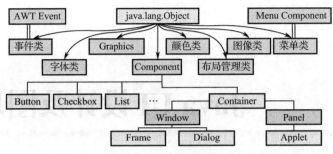

图 6.1.1　AWT 提供的 API

容器（Container）实际上是 Component 的子类，因此容器本身也是一个组件，具有组件的所有性质，另外还具有容纳其他组件和容器的功能。常用的容器有面板（Panel）、框架（Frame）和小程序（Applet）。

容器可划分为顶层容器和非顶层容器两大类。顶层容器是可以独立的窗口，不需要其他组件的支撑，Frame、Applet 和 Dialog 都是顶层容器。非顶层容器（也称中间容器）不是独立的窗口，必须位于顶层容器窗口之内才能显示，如 Panel 和 ScrollBar 等。

注意：

（1）顶层容器的划分与继承关系无关。

（2）Window 是一个没有边界和菜单栏的顶层容器。

（3）由于组件在 Java Web 开发中有特定的含义，笔者认为，组件使用控件称呼较合适。

每个容器都有一个布局管理器，它用来管理组件在容器中的布局，而不使用直接设置组件位置和大小的方式。当容器需要对某个组件进行定位或判断其尺寸大小时，就会调用其对应的布局管理器。

AWT 中提供 3 个用于在屏幕上显示窗口的组件：Window、Frame 和 Dialog。把它们统称为窗口组件。

java.awt.Window 是三个窗口组件中最基本的组件；Window 组件是 Frame 和 Dialog 的父类。它没有边界、标题栏和菜单栏，而且大小不可以调整。

java.awt.Frame 是 Window 的子类，它具有边界与标题栏设置，而且其大小允许调整，可以有菜单栏。

java.awt.Dialog 也是 Window 的子类，它也具有边界与标题栏设置，其大小允许调整，但它不支持菜单栏。

窗口组件触发窗口事件 WindowEvent，它的监听者是 WindowListener，类 java.awt.event.WindowAdapter 实现了 WindowListener 接口，但其内部的方法都是空的，可以选定实现 WindowListener 接口中的某些方法。

通过扩展 Dialog 类来创建一个对话框。Dialog 类是 java.awt 中的一个类，也是一个容器。

6.1.2 AWT 常用组件

AWT 常用组件是指用来产生图形界面的元素（如 Button 等），也包括供绘图类 Graphics 及其使用的颜色类 Color 和字体类 Font，如表 6.1.1 所示。

表 6.1.1 AWT 常用组件

组 件 名 称	构 造 方 法	使 用 说 明
标签	new Label(text)	产生标签
文本框	newTextField(width)	文本框，width 为宽度
下拉列表	Choice choice=new Choice() choice.addItem("item1") …	使用 Choice 构造方法及增加列表项方法 addItem()
单选按钮组	CheckboxGroup group=new CheckboxGroup() new Checkbox("one" ,true,group) new Checkbox("two",false,group) …	先使用 CheckboxGroup 创建一个互斥组，再使用 Checkbox 添加按钮
复选框	new Checkbox("one") new Checkbox("two") …	非互斥的一组选项，方块打勾
按钮	newButton("退出");	单击产生 ActionEvent 事件
菜单	new MenuBar() newMenu("Menu") new MenuItem("Openit")	将 MenuBar 添加至窗体 Menu 表示菜单 MenuItem 表示菜单列表项
选择文件对话框	new FileDialog(frm, "fileddilog");	用于以浏览方式选择文件
颜色	setBackground(Color.BLUE) setBackground(newColor(100,100,100)) setForeground()	辅助类，提供色彩代码常用，需要配合 set 设置语句
字体	new Font("宋体",Font.BOLD,10);	辅助类，用于设置字体

对话框可以接受用户的输入，实现与用户的交互。对话框与一般窗口的区别在于它依赖于其他窗口：当它所依赖的窗口消失或最小化时，对话框也将消失；窗口还原时，对话框将自动恢复。

对话框分为无模式和有模式两种，有模式对话框只让程序响应对话框内部的事件，对于对话框以外的事件，程序不响应；而无模式对话框可以让程序响应对话框以外的事件。

利用 Dialog 的子类来建立一个对话框。Dialog(Frame pw,boolean modal) 创建一个父窗体是 pw 的对话框，当 modal 的值为 true 时，创建有模式对话框，否则为无模式对话框。

在 Panel 容器里绘图，是通过覆盖超类 Component 的方法 paint(Graphics g) 实现的。其中，Graphics 类是用于绘图和显示格式化文字的工具。写字和画图是通过使用 Graphics

类的方法 drawXXX() 实现的。

注意：

（1）在开发 Applet 和图形应用程序时，一般需要用到 AWT，参见 6.3 节。

（2）对话框是特殊的窗口，不能最大化和最小化，但可以移动和关闭。

（3）组件不能独立地显示出来，必须将组件放在一定的容器中才可以显示出来。

（4）类 Component 的 paint() 方法不是显式调用的。

6.1.3 布局管理器及常用布局

AWT 提供多种内置的布局方式，每一种布局对应一个布局管理器，如图 6.1.2 所示。

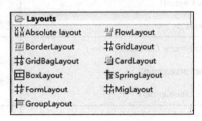

图 6.1.2　AWT 布局

注意：

（1）不同的容器，都会使用某种布局作为默认布局。

（2）对容器应用布局管理器，是通过创建布局对象实现的。

1．边界布局 BorderLayout

BorderLayout 也是一种非常简单的布局策略，它把容器内的空间简单地划分为东、西、南、北、中五个区域，每加入一个组件都应该指明把这个组件加到哪个区域中。BorderLayout 是顶层容器（Frame、Dialog 和 Applet）的默认布局。

注意： 使用 BorderLayout 时，五个特定位置依次使用 East（右东）、West（左西）、North（上北）South（下南）和 Center（中心）来表示。在向容器添加组件时，如果均未使用这些定位标志，则退变为如下所述的流布局（FlowLayout）。

2．流布局 FlowLayout

FlowLayout 管理器按照实体组件加入的先后顺序和设置的对齐方式从左向右排列，一行排满后下一行继续排列。FlowLayout 是中间容器 Panel 默认使用的布局。

注意： 使用 FlowLayout 时，应对容器应用 pack() 方法，以让容器适合组件大小，而不使用设置容器大小方法 setSize()。

3．格点布局 GirdLayout

GridLayout 使用虚细线将布局划分为行、列和单元格，同时也支持在行、列上进行交错排列。

4．空布局

在实际开发过程中，用户界面比较复杂，而且要求美观，使用 FlowLayout、BorderLayout、GridLayout 及 CardLayout 这些布局很难满足要求。这时可以采用空布局，即容器不采用任何布局，而是通过设置每个组件在容器中的位置及大小来安排。设置空布局的命令代码如下：

```
setLayout(null);                    //应用空布局
```

使用空布局时，需要使用 setBounds() 方法设置组件的位置及大小。

【例 6.1.1】　不使用中间容器的示例程序。

本例的顶层容器 Frame 使用默认的边界布局 BorderLayout，即将窗口划分为"东南西北中"五个部分，且没有添加中间容器 Panel。此外，窗口关闭需要对 Frame 添加监听器。程序 TestAWT1.java 的代码如下：

```java
import java.awt.Color;
import java.awt.Frame;
import java.awt.Label;
import java.awt.event.WindowAdapter;
import java.awt.event.WindowEvent;

public class TestAWT1 extends Frame {
    public TestAWT1() {                    //构造方法
        Label lb1, lb2, lb3,lb4,lb5;
        //若标签内容为中文，则运行时出现中文乱码【使用 JLabel 则不会】
        lb1 = new Label("11");
        lb2 = new Label("22");
        lb3 = new Label("33",Label.CENTER);
        lb4 = new Label("44",Label.CENTER);
        lb5 = new Label("55",Label.CENTER);

        //BorderLayout 是 Frame 的默认布局
        //setLayout(new BorderLayout());
        add("East",lb1);                //定位名称 East 是固定的，其他相同
        add("West",lb2);
        add("North", lb3);
        add("South", lb4);
        add("Center", lb5);
        /*
        //更改默认的布局为流式布局 FlowLayout
        setLayout(new FlowLayout());
        add(lb1); //向容器添加组件
        add(lb2);add(lb3);
        add(lb4);add(lb5);*/
    }
```

```
public static void main(String args[]) {
    TestAWT1 w = new TestAWT1();        //创建窗口对象
    w.setTitle("测试 AWT");
    w.setBackground(Color.gray);
    //w.pack();               //类 Window 定义的方法 pack()——让窗口适合组件大小
    //指定窗口大小时不使用 pack() 方法, 否则是后者覆盖前者
    w.setSize(280, 200);
    w.setVisible(true);    //类 Window 定义是否可见方法 setVisible()

    w.addWindowListener(new WindowAdapter() {
        //创建接口 WindowListener 的匿名实现类对象较标准
        //WindowAdapter 是 WindowListener 的抽象实现类, 使用更加简便
        public void windowClosing(WindowEvent e) {
            System.exit(0);             //关闭窗口
        }
    });
}
}
```

程序的运行结果如图 6.1.3 所示。

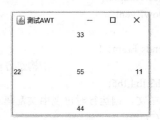

图 6.1.3　测试 AWT 的 Frame 和布局的程序运行结果

6.1.4　Java 图形功能

容器组件类 Container 提供了绘图方法 paint(Graphics g), 绘图时一般在其子类里重写该方法。Graphics 类是所有图形上下文的抽象基类, 它的实例对象用来传给 paint() 方法作为画笔。Graphics 对象封装了 Java 支持的基本呈现操作所需的状态信息, 主要包括以下属性:

- 要在其上绘制 Component 对象;
- 呈现和剪贴坐标的转换原点;
- 当前剪贴区;
- 当前颜色;
- 当前字体;
- 当前逻辑像素操作方法 (XOR 或 Paint)。

类 Graphics 提供的常用绘图方法如图 6.1.4 所示。其中, 绘弧命令根据前 4 个参数对应的矩形的内切椭圆, 再根据最后 2 个参数 (起始角度和旋转角度) 得到弧, 其命令

格式如下:

> drawArc(**int** x, **int** y, **int** width, **int** height,**int** startAngle, **int** arcAngle);

绘填充弧则是将绘出的弧进行填充,对应的命令格式如下:

> fillArc(int x, int y, int width, int height, int startAngle, int arcAngle)

```
✓ G^A Graphics
    ● ^A setColor(Color) : void 设置颜色
    ● ^A setFont(Font) : void 设置字体
    ● ^A drawLine(int, int, int, int) : void    绘线段
    ● ^A fillRect(int, int, int, int) : void  绘填充矩形
    ● ^A drawRect(int, int, int, int) : void  绘矩形
    ● ^A drawRoundRect(int, int, int, int, int, int) : void  绘圆角矩形
    ● ^A fillRoundRect(int, int, int, int, int, int) : void  绘有填充效果的圆角矩形
    ● ^A draw3DRect(int, int, int, int, boolean) : void  绘有阴影效果的矩形
    ● ^A fill3DRect(int, int, int, int, boolean) : void  绘有填充和阴影效果的矩形
    ● ^A drawOval(int, int, int, int) : void 绘椭圆 (圆)
    ● ^A fillOval(int, int, int, int) : void 绘填充椭圆 (圆)
    ● ^A drawArc(int, int, int, int, int, int) : void 绘弧
    ● ^A fillArc(int, int, int, int, int, int) : void 绘填充弧
    ● ^A drawPolyline(int[], int[], int) : void 绘折线
    ● ^A drawPolygon(int[], int[], int) : void 绘多边形
    ● ^A fillPolygon(int[], int[], int) : void 绘填充多边形
    ● ^A drawString(String, int, int) : void 绘字符串
    ● ^A drawImage(Image, int, int, int, int, ImageObserver) : boolean 绘图像
```

图 6.1.4　常用绘制方法

java.awt.Image 图像类是抽象类,提供获得绘图对象、图像缩放、选择图像平滑度等功能,声明如下:

```
public abstract class Image extends Object{
    public abstract Graphics getGraphics();          //获得在图像上绘图的 Graphics 对象
}
public abstract class Toolkit extends Object {
    public abstract Image getImage(String filename);  //获得图像对象
}
```

注意:

(1)绘制图形(如画矩形)时,只需调用 paint() 方法一次;而首次绘制图像(即加载一幅存在的图像)时,需要调用 paint() 方法若干次。

(2)绘制图像时,还会使用到相关辅助类,如 Toolkit 和 Image。

【例 6.1.2】　实现 AWT 的文字、绘图及图像功能。

程序文件 TestAWT2.java 的代码如下:

```
import java.awt.Color;
import java.awt.Font;
import java.awt.Frame;
import java.awt.Graphics;
import java.awt.GridLayout;
```

```java
import java.awt.Image;
import java.awt.Panel;
import java.awt.Toolkit;
import java.awt.event.WindowAdapter;
import java.awt.event.WindowEvent;

public class TestAWT2 extends Frame {
    static Frame frame;
    Panel panel;    //流式布局 FlowLayout 是 Panel 的默认布局
    Image image;
    public static void main(String args[]) {
        frame = new Frame("test AWT");
        //对 JFrame 应用格点布局
        frame.setLayout(new GridLayout(1, 2));
        frame.setVisible(true);
        frame.setTitle("文字、图形绘制图与图像加载");   //窗口标题
        frame.setLocation(200, 300); //窗口在屏幕上的显示位置
        frame.setSize(700, 350);    //设置窗口大小
        frame.setResizable(false);   //设置窗口大小不可调节；默认可调节
        // 实例化内部类对象
        TestAWT2.DrawingPanel mPanel = new TestAWT2().new DrawingPanel();
        TestAWT2.PicturePanel mPanel2 = new TestAWT2().new PicturePanel();
        frame.add(mPanel); //将 Panel 添加到 Frame
        frame.add(mPanel2);
        frame.addWindowListener(new WindowAdapter() { //关闭窗口监听
            public void windowClosing(WindowEvent e) {
                System.exit(0);
            }
        });
    }
    //绘图形容器内部类
    class DrawingPanel extends Panel {
        @Override
        public void paint(Graphics g) {
            //调用父类方法 paint()
            super.paint(g);
            //绘图形和文字时，此方法仅被执行一次

            System.out.println("调用绘图的 paint() 方法");
            g.setFont(new Font("楷体", Font.BOLD, 20));
            g.drawString("笑脸娃娃", 170, 30);   //插入文字
            g.setColor(Color.black);
            g.drawOval(130, 50, 190, 200);
            g.fillOval(165, 120, 20, 20); //左眼
            g.fillOval(265, 120, 20, 20); //右眼
            g.drawArc(155, 100, 40, 45, 45, 90); //左眉
```

```
            g.drawArc(255, 100, 40, 45, 45, 90); //右眉
            g.setColor(Color.red);
            g.drawArc(130, −65, 185, 255, −45, −90); //画口
            g.drawArc(130, −190, 185, 400, −45, −90); //画口
        }
    }
class PicturePanel extends Panel { //绘图像容器内部类
        @Override
        public void paint(Graphics g) {
            //调用父类方法 paint()
            super.paint(g);
            //首次加载，paint() 方法被执行多次
            System.out.println("调用加载图像的 paint() 方法");
            image = Toolkit.getDefaultToolkit().getImage(
                                    Panel.class.getResource("/media/picture.jpg"));
            //image = Toolkit.getDefaultToolkit().getImage("/media/picture.jpg"); //不行
            //加载一幅图像
            g.drawImage(image, 0, 0, 230, 230, this);
        }
    }
}
```

程序的运行结果如图 6.1.5 所示。

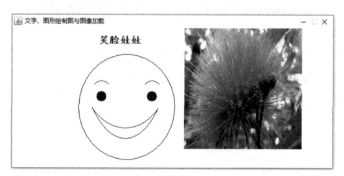

图 6.1.5　测试 AWT 的文字、绘图和图像功能的程序运行结果

6.1.5　Java 事件处理模型

对于图形用户界面的应用程序，要想实现用户界面的交互，必须通过事件处理。

事件处理就是在事件驱动机制中，应用程序可以响应事件来执行一系列的操作。

事件驱动机制是指在图形界面应用程序中，由于用户操作（如单击鼠标或按下键盘某个键），而使程序代码或系统内部产生"事件"。这种基于事件驱动机制的事件处理是目前实现与用户交互的最好方式。

Java 事件处理机制使用委派式的处理方式，组件将事件处理委托给特定的事件处理对象，当该组件发生指定的事件时，就通知委托对象，并由此对象来处理这个事件。Java 事件处理机制的示意图如图 6.1.6 所示。

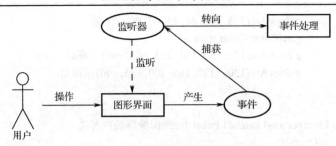

图 6.1.6 Java 事件处理机制示意图

在 Java 事件体系结构中，以三种对象为中心来组成一个完整的事件模型：

● 事件源对象：是产生或抛出事件的对象，主要是 GUI 组件。

● 事件对象：是一个描述事件源状态改变的对象，它不是通过 new 运算符创建的，而是由用户操作触发的。

● 监听接口对象：在监听接口中定义了抽象的事件处理方法，监听器类需要实现监听接口中定义的抽象方法。

常用的事件类包括 ActionEvent（动作事件）、MouseEvent（鼠标事件）、KeyEvent（键盘事件）等。

监听接口定义了抽象的事件处理方法，这些方法针对不同的操作进行不同的处理。在程序中，通常使用监听类实现监听接口中的事件处理方法。

监听接口定义在 java.awt.event 包中，该包提供了不同事件的监听接口，这些接口定义了不同的抽象的事件处理方法。动作监听接口（ActionListener）、键盘监听接口（KeyListener）和列表项选择改变监听接口（ItemListener）是三个常用的监听接口，它们定义的方法以相应的事件对象为参数，如图 6.1.7 所示。

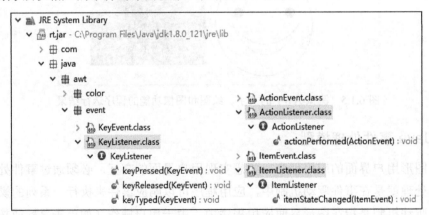

图 6.1.7 Java 的三个重要监听接口

注意：

（1）接口 MouseListener 用于监听鼠标的按下事件。

（2）接口 MouseMotionListener 用于监听鼠标的拖动和移动事件。

（3）接口 WindowListener 用于监听窗口的打开、激活和最小化等事件。

Java 中进行事件处理的步骤如下：

（1）创建监听类，在事件处理方法中编写事件处理代码；

（2）创建监听对象；

（3）利用组件的 addXXXListener() 方法将监听对象注册到组件上。

事件处理方法是监听接口中已经定义好的相应的事件处理方法，在创建监听类时，需要重写这些事件处理方法，将事件处理的代码放入相应的方法中，如下所示：

```
class MyListener implements ActionListener {
    // 重写 ActionListener 接口中的事件处理方法 actionPerformed()
    public void actionPerformed(ActionEvent e) {
        ......
    }
}
```

监听对象是监听类的一个实例对象，具有监听功能。这样，将此监听对象注册到组件上，当该组件上发生相应的事件时，将会被此监听对象捕获并调用相应的方法进行处理，如下所示：

```
MyListener listener = new MyListener();     //创建一个监听对象
button.addActionListener(bl);               //注册监听
```

【例 6.1.3】　测试 AWT 空布局、面板组件、对话框和事件处理模型。

顶层容器 Frame 包含一个按钮、一个标签和一个 Panel 面板。程序的功能是在标签上实时显示单击按钮的次数，其文件 TestAWT3.java 的代码如下：

```
import java.awt.Button;
import java.awt.Color;
import java.awt.Frame;
import java.awt.Graphics;
import java.awt.Label;
import java.awt.Panel;
import java.awt.event.ActionEvent;
import java.awt.event.ActionListener;
import java.awt.event.WindowAdapter;
import java.awt.event.WindowEvent;

public class TestAWT3 extends Frame {
    static int k=0;                         //统计单击按钮次数
    static Label countLabel;                //显示单击按钮次数标签
    public static void main(String args[]) {
        //下面 2 个按钮供是否型对话框使用
        Button b1 = new Button("Yes");
        Button b2 = new Button("No");
        Frame frame = new Frame("AWT 空布局、面板组件和事件处理模型");
        //第 3 参数为 true（有模式）时，会引起阻塞
```

```
            Dialog dialog = new Dialog(frame, "Are you sure exit?", true);
            frame.setSize(450, 180);                    //窗口大小
frame.setLocation(200, 300);
frame.setVisible(true);
frame.setResizable(true);
frame.setLayout(null);                                  //使用空布局
Button btn1 = new Button("Hit Me");
Button btn2 = new Button("Exit");
countLabel = new Label("Hit Count:0");                  //初始文本
//创建内部类的实例对象
Panel panel=new TestAWT3().new MyPanel();
btn1.setBounds(70, 60, 130, 30);                        //起始点、宽度及高度
countLabel.setBounds(240, 60, 80, 30);
panel.setBackground(Color.cyan);
panel.setBounds(50, 110, 300, 30);                      //设置面板的位置及大小
frame.add(countLabel);
      frame.add(btn1);                                  //添加按钮组件至顶层容器
btn2.setBackground(Color.yellow);
btn2.setBounds(360, 70, 40, 50);
      frame.add(countLabel);
      //添加按钮组件至顶层容器
      frame.add(btn1); frame.add(btn2);
      frame.add(panel);                                 //添加面板组件至顶层容器

btn1.addActionListener(new ActionListener() {           //添加监听器
    @Override
    public void actionPerformed(ActionEvent e) {
        // TODO Auto-generated method stub
        k++;
        countLabel.setText("Hit Count："+k);
    }
});
b1.addActionListener(new ActionListener() {
    @Override
    public void actionPerformed(ActionEvent e) {        //确认关闭时
        System.exit(0);
    }
});
b2.addActionListener(new ActionListener() {
    @Override
    public void actionPerformed(ActionEvent e) {        //确认不关闭时
        dialog.setVisible(false);
    }
});
btn2.addActionListener(new ActionListener() {           //关闭监听
    @Override
```

```
                    public void actionPerformed(ActionEvent e) {
                        // TODO Auto-generated method stub
                        dialog.setLayout(new FlowLayout());
                        dialog.add(b1); dialog.add(b2);            //向对话框添加按钮
                        dialog.setSize(240, 80);                   //设置对话框位置
                        dialog.setLocation(280, 340);
                        dialog.setBackground(Color.GREEN);
                        dialog.setVisible(true);                   //不推荐使用方法 show()
                    }
                });
                frame.addWindowListener(new WindowAdapter() {      //关闭窗口
                    public void windowClosing(WindowEvent e) {
                        System.exit(0);
                    }
                });
            }

            //内部类作为某个类的成员，不能出现在方法里
            class MyPanel extends Panel{
                @Override
                public void paint(Graphics g) {
                    super.paint(g);
                    //面板内文字的位置坐标与 Frame 内组件的位置坐标是独立的
                    g.drawString("提示：单击上方按钮，右边的标签会统计单击次数。", 0, 20);
                }
            }
        }
```

程序运行后，单击按钮两次的效果如图 6.1.8 所示。

图 6.1.8　测试 AWT 空布局、面板组件和事件处理模型

单击 Exit 按钮，将出现是否型确认对话框。单击 Yes 按钮，关闭窗口，如图 6.1.9 所示。

注意：

（1）本例中既包含了对窗口的监听（如同例 6.1.1 和例 6.1.2），也包含了对 Button 按钮的监听。

（2）Swing 提供了更加易于使用的对话框（参见例 6.2.2）。

（3）本例中，提供了两种关闭窗口的方式。

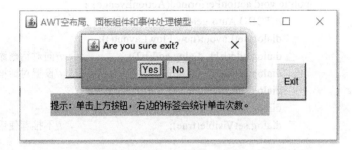

图 6.1.9　是否型确认对话框

6.1.6　Java 小程序 Applet

Java 最初是通过 Applet 被世人所知的，Applet 运行于浏览器上，可以生成生动的页面，进行友好的人机交互，还可以播放图像、动画、声音等多媒体数据。

类 java.applet.Applet 作为 Applet 应用的基类，其定义如图 6.1.10 所示。

```
public class Applet extends Panel {
    public Applet() throws HeadlessException {
        if (GraphicsEnvironment.isHeadless()) {
            throw new HeadlessException();
        }
    }
    transient private AppletStub stub;
    ......
}
```

- Applet
  - Applet()
  - stub : AppletStub
  - serialVersionUID : long
  - readObject(ObjectInputStream) : void
  - getAppletContext() : AppletContext
  - init() : void
  - start() : void
  - stop() : void
  - destroy() : void

图 6.1.10　Applet 的定义

Applet 程序没有标准的 main() 方法，因此不能独立运行。将其通过标签 \<applet\> 嵌套在网页中，通过 JDK 命令 appletviewer 加载、运行该页面；或者在支持 Java 的网络浏览器中运行。

注意：

（1）appletviewer 犹如一个最小化的 Java 浏览器，使开发者不必用 Web 浏览器即可运行 Applet 程序。

（2）当用户访问这样的网页时，Applet 被下载到用户的计算机上执行。

下面，详细介绍开发 Applet 应用的主要步骤。

（1）编写 Applet 源程序并编译。源程序文件 TestApplet.java 的代码如下：

```
import java.applet.Applet;
import java.awt.Color;
import java.awt.Font;
import java.awt.Graphics;
public class TestApplet extends Applet{
    int i=0;                              //计数
    @Override
```

```java
public void init() {                          //Applet 对象创建并初次装入时
    // TODO Auto-generated method stub
    super.init();
    i++;
    System.out.println("init："+i);
}
@Override
public void start() {                         //窗口显示（初次运行或重新显示时）
    // TODO Auto-generated method stub
    super.start();
    i++;
    System.out.println("start： "+i);
}
@Override
public void stop() {                          //窗口隐藏（如最小化时）
    // TODO Auto-generated method stub
    super.stop();
    i++;
    System.out.println("stop： "+i);
}
@Override
public void destroy() {                       //关闭浏览器时执行
    // TODO Auto-generated method stub
    super.destroy();
    i++;
    System.out.println("destroy："+i);
}
@Override
public void paint(Graphics g){
    //g.drawString(String.valueOf(i), 50, 50);    //测试执行
    g.setFont(new Font("楷体", Font.BOLD, 20));
    g.drawString("笑脸娃娃",30,150);
    g.setColor(Color.black);
    g.drawOval(130,50,190,200);
    g.fillOval(165, 120, 20, 20);                    //左眼
    g.fillOval(265, 120, 20, 20);                    //右眼
    g.drawArc(155, 100, 40, 45, 45, 90);             //左眉
    g.drawArc(255, 100, 40, 45, 45, 90);             //右眉
    g.setColor(Color.red);
    g.drawArc(130, -65, 185, 255, -45, -90);         //口
    g.drawArc(130, -190, 185,400, -45, -90);         //口
}
}
```

在 eclipse 中，保存文件时自动生成文件 TestApplet.class，它保存在项目/src/bin 中。

（2）编写引用 Applet 程序的网页文件。网页文件 TestApplet.html 的代码如下：

```
<html>
<head>
    <meta charset="UTF-8">
    <title>测试 Applet 小程序</title>
</head>
<body>
    <!--下面的.class 可省略；aplet 标签必须成对出现（不能使用自闭方式）-->
    <applet code="TestApplet.class" width="220" height="160"></applet>
</body>
</html>
```

（3）浏览网页文件。进入命令行方式，执行如下命令：

```
appletviewer TestApplet.html
```

浏览效果如图 6.1.11 所示。

图 6.1.11　Java 小程序浏览效果

注意：

（1）网页文件是相对引用类文件 TestApplet.class，它们应同处于一个文件夹中。

（2）在 eclipse 中直接按运行按钮时，系统自动调用 JDK 命令 appletviewer.exe，也会出现上述浏览效果。

（3）使用较高版本的浏览器打开该网页，可能会由于安全性较高而无法正常显示。

（4）程序中包含了用于测试 Applet 生命周期而重写的 4 个方法。

6.2　Swing UI

6.2.1　Swing 概述

AWT 是最早用于 UI 设计的编程类库，属于重量级组件。AWT 组件依赖于本地系统来支持绘图和显示，表现在每个 AWT 组件在本地系统中都有一个相关的组件。所以，AWT 对内存的开销也较大，其界面随着操作系统平台的不同而呈现不同的外观。

由于使用 AWT 设计的 GUI 依赖于本地平台，即相同的程序在不同平台的表现有差异，因此，从 JDK1.2 开始，Java API 中集成了 AWT 的扩充版 Swing 包（即 javax.swing 包）。

Swing 是纯 Java 实现的，不依赖于本地平台的 GUI，可以在任何平台上保持相同的界面外观。因此，在实际开发中，一般使用 Swing 组件（包括容器组件）。

组件是构成 GUI 的基本要素，通过对不同事件的响应来完成用户的交互或组件之间的交互。

注意：

（1）在同一界面的程序中可以同时使用 AWT 包和 Swing 包中的类，Swing 包中的类名一般是在 AWT 包中的类名前加上字母 J。

（2）由于 Swing 不依赖于本地的 GUI，因此导致 Swing 图形界面的控件显示速度比 ATW 慢一些。

（3）Swing 是对 AWT 的扩充，而不是替代。事实上，Java 的音频播放等多媒体功能都在 AWT 包中，参见 6.4 节。

6.2.2　JFrame 框架

Swing 轻量级的组件都是直接或者间接由 AWT 的 Container 类派生而来的。例如，javax.swing.JFrame 继承 java.awt.Frame，它是一个顶层容器，主要用来设计应用程序的图形用户界面，并支持多线程，其继承关系如图 6.2.1 所示。

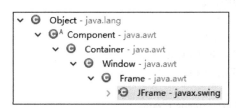

图 6.2.1　JFrame 类的继承关系

注意：

（1）Swing 中的 JFame 与 AWT 中的 Frame 相对应。

（2）JFrame 使用更加简便的方法关闭窗体（相对 AWT 而言），代码如下：

```
setDefaultCloseOperation(JFrame.EXIT_ON_CLOSE);
```

6.2.3　Swing 容器组件 JPanel

Swing 组件一般作为一个对象放置在容器内，容器是能容纳和排列组件的对象，一个容器中可容纳一个或多个组件，还可容纳其他容器。

容器可以容纳组件，在向容器中添加多个组件时，要考虑这些组件在容器中的布局。

由于 Java 是跨平台语言，使用绝对坐标会导致在不同平台、不同分辨率下的显示效果不一样。

为了实现跨平台的特性并且获得动态的布局效果，Java 将容器内的所有组件安排给一个"布局管理器"来负责管理。

6.2.4　Swing 常用组件

与 AWT 组件相对应，Swing 也提供了用于创建图形用户界面的组件，如对话框、标签、文本框、组合框和按钮等组件。

注意：

（1）Swing 常用组件名绝大多数是在 AWT 相应的组件名前添加字母 J（ButtonGroup 是例外）。

（2）Swing 控件文本不会像 AWT 控制文本一样出现中文乱码。

【例 6.2.1】 Swing 常用组件与布局的使用。

先将功能组件添加至面板，然后将面板添加至顶层容器，其程序代码如下：

```java
import javax.swing.JOptionPane;
import java.awt.BorderLayout;
import java.awt.Container;
import java.awt.GridLayout;
import javax.swing.ButtonGroup;
import javax.swing.JCheckBox;
import javax.swing.JComboBox;
import javax.swing.JFrame;
import javax.swing.JLabel;
import javax.swing.JPanel;
import javax.swing.JRadioButton;
import javax.swing.JTextField;

public class TestSwing1 extends JFrame {
    public static void main(String[] args) {
        TestSwing1 ts2 = new TestSwing1();
        ts2.setVisible(true);
        ts2.setDefaultCloseOperation(JFrame.EXIT_ON_CLOSE);
    }
    public TestSwing1() {
        super();
        setTitle("Swing 常用组件");              //窗口标题
        setLocation(500, 300);                  //起始位置
        setResizable(false);                    //设置窗口大小不可调节；默认可调节
        init();
        pack();
    }
    @SuppressWarnings("unchecked")
    void init() {
        JPanel line1 = new JPanel();            //第 1 行
        line1.setLayout(new GridLayout(1, 6));  //对 Panel 设置格点布局
```

```java
line1.add(new JLabel("文本输入框"));          // 1
line1.add(new JTextField(5));                // 2
line1.add(new JLabel(""));                   // 3
line1.add(new JLabel("下拉列表框"));          // 4
@SuppressWarnings("rawtypes")
JComboBox jComboBox = new JComboBox();       // 5
jComboBox.addItem("一季度");
jComboBox.addItem("二季度");
jComboBox.addItem("三季度");
jComboBox.addItem("四季度");
line1.add(jComboBox);
JPanel line2 = new JPanel();
line2.setLayout(new GridLayout(1,6));                //对 Panel 设置格点布局
line2.add(new JLabel("单选按钮"));
JRadioButton jRadioButton1 = new JRadioButton("优秀");
JRadioButton jRadioButton2 = new JRadioButton("良好");
JRadioButton jRadioButton3 = new JRadioButton("中等");
JRadioButton jRadioButton4 = new JRadioButton("及格");
JRadioButton jRadioButton5 = new JRadioButton("不及格");
//用于实现一组互斥的按钮
ButtonGroup buttonGroup = new ButtonGroup();
buttonGroup.add(jRadioButton1);
buttonGroup.add(jRadioButton2);
buttonGroup.add(jRadioButton3);
buttonGroup.add(jRadioButton4);
buttonGroup.add(jRadioButton5);
//不能用 line2.add(buttonGroup)
//buttonGroup 不是实体组件，而是一个辅助容器组件
line2.add(jRadioButton1);
line2.add(jRadioButton2);
line2.add(jRadioButton3);
line2.add(jRadioButton4);
line2.add(jRadioButton5);
JPanel line3 = new JPanel();
//对 Panel 设置格点布局，一行 5 列
line3.setLayout(new GridLayout(1, 5));
line3.add(new JLabel("复选框"));
line3.add(new JCheckBox("音乐"));
line3.add(new JCheckBox("文学"));
line3.add(new JCheckBox("旅游"));
line3.add(new JLabel(""));
line3.add(new JLabel(""));
//拟合并 line2 和 line3 两个面板
JPanel line23 = new JPanel();
line23.setLayout(new BorderLayout());
line23.add("North", line2);
line23.add("South", line3);
```

```
                Container container = this.getContentPane();        //顶层容器
                //可省略，因为它 BorderLayout 是默认的布局
                container.setLayout(new BorderLayout());
                container.add("North", line1);                       //整体布局的上方
                container.add("South", line23);                      //整体布局的下方
        }
}
```

程序的运行结果如图 6.2.2 所示。

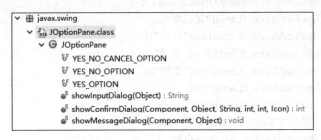

图 6.2.2　Swing 常用组件

1．对话框 JDialog 与 JOptionPane

对话框是一个临时窗口，一般用来向用户显示信息或接收用户输入的信息，对话结束后窗口消失。对话框是为人机对话过程提供交互模式的工具。应用程序通过对话框，或给用户提供信息，或从用处户获得信息。对话框是一个临时窗口，可以在其中放置用于得到用户输入信息的控件。

在 Swing 中，有两个对话框类，分别是 JDialog 类和 JOptionPane 类。JDialog 类负责构造并管理通用对话框；JOptionPane 类给一些常见的对话框提供许多便于使用的选项，如是否型对话框等。

JDialog 类作为对话框的基类，可分为强制型和非强制型两种。强制型对话框不能中断对话过程，直至对话框结束，才允许程序响应对话框以外的事件。非强制型对话框可以中断对话过程，去响应对话框以外的事件。强制型对话框也称有模式对话框，非强制型对话框也称非模式对话框。

为了简化常见对话框的编程，位于包 javax.swing 中的类 JOptionPane 提供了创建不同种类的对话框的静态方法（含类常量），如图 6.2.3 所示。

```
∨ ⊞ javax.swing
  ∨ 🔟 JOptionPane.class
    ∨ ⊙ JOptionPane
        §F YES_NO_CANCEL_OPTION
        §F YES_NO_OPTION
        §F YES_OPTION
        ⚬ˢ showInputDialog(Object) : String
        ⚬ˢ showConfirmDialog(Component, Object, String, int, int, Icon) : int
        ⚬ˢ showMessageDialog(Component, Object) : void
```

图 6.2.3　JOptionPane 类的常用静态方法

【例 6.2.2】 使用 JOptionPane 类设计不同功能的对话框。

程序代码如下：

```java
import javax.swing.JOptionPane;
/*
 * 类 JOptionPane 提供了常用对话框的使用
 * 下面的三种对话框属于强制型，用户不能中断对话过程，直至对话框结束
 */
public class TestSwing2 {
    public static void main(String[] args) {
        // TODO Auto-generated method stub
        String name;
        int selection;
        do {
            name = JOptionPane.showInputDialog("请输入姓名：");        //输入对话框
            selection = JOptionPane.showConfirmDialog(null,
                    "你的姓名是  " + name + "?", "请确认",
                    //下面的类常量可换成 YES_NO_CANCEL_OPTION
                    JOptionPane.YES_NO_OPTION);                       //是否型对话框
        } while (selection != JOptionPane.YES_OPTION);               //直到选择 Yes
        JOptionPane.showMessageDialog(null, "你的姓名是" + name);    //消息确认框
    }
}
```

运行程序，先输入，再确认，最后显示输入结果，效果如图 6.2.4 所示。

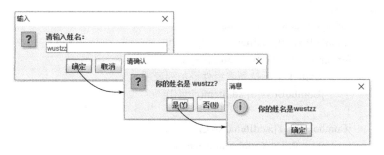

图 6.2.4　使用 JOptionPane 制作的三种对话框

2．下拉列表联动

下拉列表联动的设计要点是对 javax.swing.JComboBox 的列表项进行监听。

【例 6.2.3】 下拉列表联动示例。

程序代码如下：

```java
import java.awt.FlowLayout;
import java.awt.event.ItemEvent;
import java.awt.event.ItemListener;
import javax.swing.JComboBox;
```

```
import javax.swing.JFrame;
import javax.swing.JLabel;
import javax.swing.JOptionPane;
public class TestSwing3    extends JFrame {
    String[] city = { "北京", "上海", "武汉"};
    String[][] dx = { { "北京大学", "清华大学", "北理工" }, { "复旦大学", "同济大学" },
                                    { "武汉大学", "华中理工", "湖北大学" } };
    @SuppressWarnings("rawtypes")
    JComboBox[] jComboBoxs = { new JComboBox<String>(),
                        new JComboBox<String> () };    //下拉列表组件数组
    boolean flag;                                      //标识选择
    public static void main(String[] args) {
        TestSwing3 obj = new TestSwing3 ();
        obj.setVisible(true);
        obj.setDefaultCloseOperation(JFrame.EXIT_ON_CLOSE);
    }
    public TestSwing3 () {                              //构造方法
        super();
        setTitle("列表联动");
        setLocation(950, 400);
        setResizable(false);
        init();
        pack();
    }
    @SuppressWarnings("unchecked")
    void init() {
        setLayout(new FlowLayout());
        jComboBoxs[0].addItem("请选择：");
        for (int i = 0; i < city.length; i++) {
            // 给第 1 个下拉列表组件添加列表项
            jComboBoxs[0].addItem(city[i]);
        }
        jComboBoxs[1].addItem("请选择：");
        for (int i = 0; i < jComboBoxs.length; i++) {
            add(new JLabel("        "));
            add(jComboBoxs[i]);                        //添加下拉列表组件至 JFrame
        }
        jComboBoxs[0].addItemListener(new ItemListener() { //监听第 1 个下拉列表
            @Override
            public void itemStateChanged(ItemEvent e) {
                int t = jComboBoxs[0].getSelectedIndex();
                if(t>0) {                              //防止先成功选择后再次选择城市时误选
                    // 下面是下拉列表联动
                    jComboBoxs[1].removeAllItems();    //清空
                    jComboBoxs[1].addItem("请选择：");
                    for (int i = 0; i < dx[t-1].length; i++) {
                        jComboBoxs[1].addItem(dx[t-1][i]); //刷新第 2 个下拉列表
```

```
                    }
                    flag=true;
                }else {
                    jComboBoxs[1].removeAllItems();        //清空
                    jComboBoxs[1].addItem("请选择：");
                }
            }
        });
        jComboBoxs[1].addItemListener(new ItemListener() {  //监听第 2 个下拉列表
            @Override
            //在用户已选定或取消选定某项时调用
            public void itemStateChanged(ItemEvent e) {
                if (jComboBoxs[1].getItemCount()>1&&flag) {
                    JOptionPane.showMessageDialog(null,"你的选择是： " +
                                jComboBoxs[0].getSelectedItem() + "---" +
                                jComboBoxs[1].getSelectedItem());
                }
                //上面的事件代码会执行 2 次（弹窗），
                //使用本 if 语句既屏蔽第 2 次弹窗又保证连续选择大学
                if(flag)
                    flag=false;
                else
                    flag=true;
            }
        });
    }
}
```

程序运行时，在选择城市后，出现位于该城市的所有大学，选择某所大学后，出现选择结果，如图 6.2.5 所示。

图 6.2.5　下拉列表联动

【例 6.2.4】　Swing 菜单与选项卡的使用。

程序代码如下：

```
import java.awt.BorderLayout;
import java.awt.Color;
import java.awt.event.ActionEvent;
import java.awt.event.ActionListener;
```

```
import javax.swing.JFrame;
import javax.swing.JLabel;
import javax.swing.JMenu;
import javax.swing.JMenuBar;
import javax.swing.JMenuItem;
import javax.swing.JOptionPane;
import javax.swing.JPanel;
import javax.swing.JTabbedPane;
import javax.swing.SwingConstants;

public class TestSwing4 extends JFrame {
    JFrame jframe = this;                                        //上下文对象
    private JTabbedPane tabbedPane;
    private JLabel label1,label2,label3;
    private JPanel panel1,panel2,panel3;
    //构造方法
    public TestSwing4() {
        setTitle("Swing 菜单与选项卡的使用");
        setDefaultCloseOperation(JFrame.EXIT_ON_CLOSE);
        setBounds(80, 80, 400, 300);
        getContentPane().setLayout(new BorderLayout(0, 0));
        JMenuBar menuBar = new JMenuBar();                       //创建菜单
        setJMenuBar(menuBar);
        JMenu menu1 = new JMenu("用户管理");                     // （一级）主菜单
        menuBar.add(menu1);
        // （二级）次级菜单项
        JMenuItem menuItem1_1 = new JMenuItem("用户管理");
        menuItem1_1.addActionListener(new ActionListener() {     //菜单项监听
            public void actionPerformed(ActionEvent e) {
                JOptionPane.showMessageDialog(null, "用户管理", "这是用户管理",
                                JOptionPane.DEFAULT_OPTION);
            }
        });
        menu1.add(menuItem1_1);
        JMenu menu2 = new JMenu("员工信息管理");
        menuBar.add(menu2);
        JMenuItem menuItem2_1 = new JMenuItem("基本信息管理");
        menu2.add(menuItem2_1);
        JMenuItem menuItem2_2 = new JMenuItem("工资信息管理");
        menu2.add(menuItem2_2);
        JMenu menu3 = new JMenu("工资信息查询");
        menuBar.add(menu3);
        JMenuItem menuItem3_1 = new JMenuItem("工资信息查询");
        menu3.add(menuItem3_1);
        JMenu menu4 = new JMenu("在线交流");
        menuBar.add(menu4);
        JMenuItem menuItem4_1 = new JMenuItem("在线交流");
```

```
            menu4.add(menuItem4_1);
            //创建选项卡面板对象
            tabbedPane=new JTabbedPane();
            //创建标签
            label1=new JLabel("第一个标签的面板",SwingConstants.CENTER);
            label2=new JLabel("第二个标签的面板",SwingConstants.CENTER);
            label3=new JLabel("第三个标签的面板",SwingConstants.CENTER);
            //创建面板
            panel1=new JPanel();
            panel2=new JPanel();
            panel3=new JPanel();
            panel1.add(label1);
            panel2.add(label2);
            panel3.add(label3);
            panel1.setBackground(Color.white);
            panel2.setBackground(Color.yellow);
            panel3.setBackground(Color.GRAY);
            //将标签面板加入到选项卡面板对象上
            tabbedPane.addTab("标签 1",null,panel1,"First panel");
            tabbedPane.addTab("标签 2",null,panel2,"Second panel");
            tabbedPane.addTab("标签 3",null,panel3,"Third panel");
            add(tabbedPane);
            setBackground(Color.white);
            setVisible(true);
            setDefaultCloseOperation(JFrame.EXIT_ON_CLOSE);
            setVisible(true);
        }
        public static void main(String[] args) {
            new TestSwing4();
        }
    }
```

程序运行时，先单击"标签 2"选项卡，然后再打开菜单"用户管理"的界面，如图 6.2.6 所示。

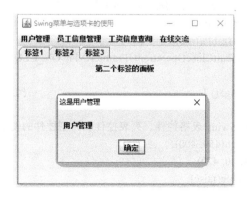

图 6.2.6　Swing 菜单与选项卡的使用

【例 6.2.5】Swing 表格控件、列表控件和树型控件的使用。

程序代码如下：

```java
import java.awt.Color;
import java.awt.Font;
import java.awt.GridLayout;
import java.awt.event.ActionEvent;
import java.awt.event.ActionListener;
import javax.swing.DefaultListModel;
import javax.swing.JButton;
import javax.swing.JFrame;
import javax.swing.JLabel;
import javax.swing.JList;
import javax.swing.JPanel;
import javax.swing.JTable;
import javax.swing.JTextField;
import javax.swing.JTree;
import javax.swing.ListSelectionModel;
import javax.swing.border.LineBorder;
import javax.swing.event.ListSelectionEvent;
import javax.swing.event.ListSelectionListener;
import javax.swing.tree.DefaultMutableTreeNode;
import javax.swing.tree.DefaultTreeModel;

public class TestSwing5 extends JFrame {
    String[][] rs = new String[][] { { "zhangsan", "张三", "6000" },
                                     { "lisi", "李四", "5500" },
                                     { "wangwu", "王五", "7000" } };
    JTable jTable = new JTable(rs, rs);              //表格控件对象
    JList<Object> list;                              //列表控件对象
    JTree tree = new JTree();                        //树型列表控件
    int item;
    public static void main(String[] args) {
        // TODO Auto-generated method stub
        TestSwing5 obj = new TestSwing5();
        obj.setVisible(true);
        obj.setResizable(true);
        obj.setDefaultCloseOperation(JFrame.EXIT_ON_CLOSE);
    }
    public TestSwing5() {                            //构造方法
        super();
        setTitle("Swing 表格控件、列表控件和树型控件的使用");
        setLocation(450, 400);
        setSize(500, 420);
        setResizable(false);
        init();
    }
```

```java
void init() {
        tableDisplay();                                        //表格显示
        JPanel jPanel = new JPanel();
        JPanel jp_right = new JPanel();
        jp_right.setLayout(new GridLayout(1, 4));
        JLabel username = new JLabel("username");
        jp_right.add(username);
        JLabel realname = new JLabel("realname");
        jp_right.add(realname);
        JTextField salary = new JTextField("");
        jp_right.add(salary);
        JButton button = new JButton("提交");
        button.setEnabled(false);
        jp_right.add(button);
        jPanel.add(list);
        jPanel.add(jp_right);
        add(jPanel, "Center");                                 //用户列表信息
        treeDisplay();                                         //树状显示
        add(tree, "South");
        add(jTable, "North");
        list.addListSelectionListener(new ListSelectionListener() {
            @Override
            public void valueChanged(ListSelectionEvent e) {
                // TODO Auto-generated method stub
                item = list.getAnchorSelectionIndex();
                if (item >= 0) {
                        username.setText(rs[item][0]);
                        realname.setText(rs[item][1]);
                        salary.setText(rs[item][2]);
                        button.setEnabled(true);
                }
            }
        });
        button.addActionListener(new ActionListener() {
            @Override
            public void actionPerformed(ActionEvent e) {
                // TODO Auto-generated method stub
                rs[item][2] = salary.getText();
                treeDisplay();
                list.clearSelection();
                jTable.repaint();
                button.setEnabled(false);
            }
        });
}
public void tableDisplay() {
    DefaultListModel<String> userList = new DefaultListModel<String>();
```

```
                    for (int i = 0; i < 3; i++) {
                            userList.addElement(rs[i][0]);
                    }
                    list = new JList(userList);
                    list.setFont(new Font("华文仿宋", Font.PLAIN, 14));
                    list.setSelectionMode(ListSelectionModel.SINGLE_SELECTION);
                    list.setBorder(new LineBorder(new Color(0, 0, 0), 1, true));
            }
            public void treeDisplay() {
                    tree.removeAll();
                    tree.clearSelection();
                    tree.setFont(new Font("华文仿宋", Font.BOLD, 14));
                    DefaultMutableTreeNode defaultMutableTreeNode=
                                            new DefaultMutableTreeNode("新科技有限公司");
                    DefaultMutableTreeNode node_1, node_2,node_3;      //3 个二级结点
                    node_1 = new DefaultMutableTreeNode("名字");
                    for (int i = 0; i< 3; i++) {
                            node_1.add(new DefaultMutableTreeNode(rs[i][0]));
                            defaultMutableTreeNode.add(node_1);
                    }
                    node_2 = new DefaultMutableTreeNode("真名");
                    for (int i = 0; i++) {
                            node_2.add(new DefaultMutableTreeNode(rs[i][1]));
                            defaultMutableTreeNode.add(node_2);
                    }
                    node_3 = new DefaultMutableTreeNode("工资");
                    for (int i = 0; i < 3; i++) {
                            node_3.add(new DefaultMutableTreeNode(rs[i][2]));
                            defaultMutableTreeNode.add(node_3);
                    }
                    tree.setModel(new DefaultTreeModel(defaultMutableTreeNode));
            }
    }
```

程序运行时，单击列表控件中的"lisi"并展开树型控件后，界面如图 6.2.7 所示。

图 6.2.7　Swing 表格控件、列表控件和树型控件的使用

6.3　安装 WindowBuilder 实现 UI 可视化

WindowBuilder 是第三方提供的开发插件，可以像 VS 一样实现 Web 窗体可视化的拖曳界面，从而实现快速设计界面，方便开发。

WindowBuilder 的下载及安装与一般软件的下载及安装略有区别。首先，在 eclipse 中，使用菜单 Help→About Eclipse 查看其版本号，然后打开浏览器访问网址 http://www. eclipse.org/windowbuilder/download.php，得到 WindowBuilder 在不同 eclipse 版本中的下载链接地址，如图 6.3.1 所示。

Update Sites				
Eclipse Version	Release Version		Integration Version	
	Update Site	Zipped Update Site	Update Site	Zipped Update Site
4.8 (Photon)			link	
4.7 (Oxygen)			link	
4.6 (Neon)	link		link	
4.5 (Mars)	link	link (MD5 Hash)	link	link (MD5 Hash)
4.4 (Luna)	link	link (MD5 Hash)	link	link (MD5 Hash)
4.3 (Kepler)	link	link (MD5 Hash)		
4.2 (Juno)	link	link (MD5 Hash)		
3.8 (Juno)	link	link (MD5 Hash)		

图 6.3.1　WindowBuilder 在不同 eclipse 版本中的下载链接地址

右键单击 link，将 eclipse 对应版本的下载链接地址复制至剪贴板，再在 eclipse 中，依次选择 Help→Install New Software。在弹出的安装对话框中，单击 Add 按钮，再在弹出的对话框的文本框 Location 处粘贴地址，如图 6.3.2 所示

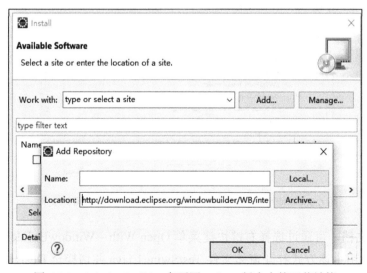

图 6.3.2　WindowBuilder 在不同 eclipse 版本中的下载链接

接下来，选择 WindowBulider 并完成安装。

注意：eclipse 组件 WindowBulider 安装完成后，需要重启 eclipse。

使用 WindowBulider，要求新建项目时，在搜索文本框中输入"Wi"，并选择 SWT/JFace Java Project，然后单击"Next"按钮，填写项目名称即可完成 WindowBuilder 项目的创建，如图 6.3.3 所示。

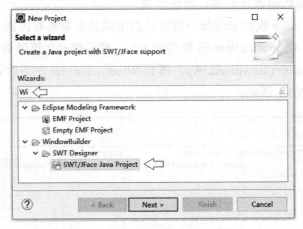

图 6.3.3　创建 WindowBuilder 项目

为了实现窗体文档的可视化操作（也可以使用代码方式），在新建对话框的搜索框中输入"JF"，再选择 JFrame 即可，如图 6.3.4 所示。

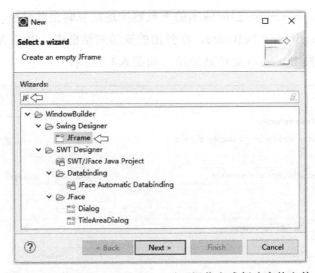

图 6.3.4　使用 WindowBuilder 以可视化方式创建窗体文件

对于窗体文档，可通过选择右键快捷菜单 Open With→WindowBulider Editor 方式来打开。例如，使用上述方式打开窗体文件 TestSwing1.java 并切换至 Design 视图后，效果如图 6.3.5 所示。

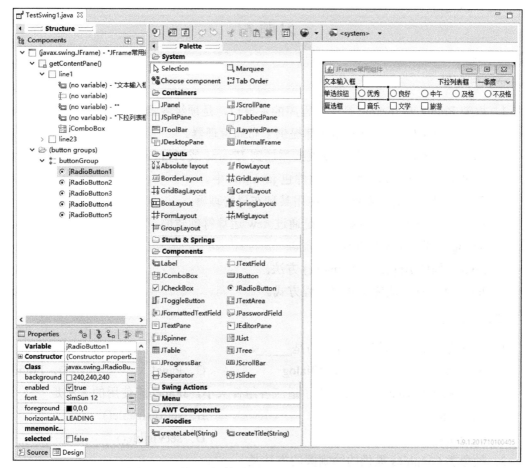

图 6.3.5　使用 WindowBuilder 以可视化方式设计窗体

显然，这种设计方式比纯代码方式更加直观和易用。

习题 6

一、判断题

1. 框架 Frame 或 JFrame 是一个程序的主窗口，是顶级容器。

2. 包 java.awt 和包 javax.swing 都提供了布局管理器。

3. 标签和文本框等组件都可以直接添加到 JFrame 或 JPanel 中。

4. 类 Panel 和类 JPanel 都位于软件包 java.awt 中。

5. 顶级容器及中间容器都可以应用某种布局管理器。

6. 在 Java 事件处理中的对象，是通过 new 运算符创建的。

7. Swing 提供了 AWT 的所有功能。

8. Java 小程序 Applet 也有 main() 方法。

9. Java UI 设计只能使用代码编程方式。

二、选择题

1. 下列容器中，不是顶层容器的是_____。
   A．Applet   B．Dialog   C．Panel   D．Frame

2. 使用 FlowLayout 布局时，为了适应各组件大小，JPanel 应使用的方法是_____。
   A．setSize()   B．setResizable()
   C．pack()   D．setVisible()

3. 抽象类 Graphics 提供的绘制圆的方法是_____。
   A．drawstring()   B．drawArc()
   C．drawImage()   D．drawOval()

4. 下列方法中，不与 Applet 某个生命周期相对应的是_____。
   A．creat()   B．start()
   C．stop()   D．destroy()

5. 组件 JOptionPane 提供的静态方法 showConfirmDialog() 包含_____个参数。
   A．4   B．3   C．2   D．1

三、填空题

1. 容器 Frame 和 JFrame 默认使用的布局是____。

2. ____是最常用的组件，它的作用是在界面上显示文字。

3. 常用的事件类包括 ActionEvent、MouseEvent 和____。

4. 关闭____时，默认也会关闭整个应用程序。

5. 为简化对话框的设计，Swing 提供了组件_____。

实验 6

一、实验目的

1．理解 AWT 与 Swing 的关系。

2．掌握容器的分类及常用的布局方法。

3．掌握顶层容器 JFrame 和中间容器 JPanel 的作用及常用方法。

4．掌握 Swing 的常用控件 JLabel、JtextField 和 JcomboBox 等的用法。

5．掌握对话框、选项卡、菜单和表格的设计。

6．掌握 Java 的事件处理机制、三个重要监听接口 ActionListener、KeyListener 和 ItemListener 的使用。

7．了解 Java 小程序的特点。

8．了解在 eclipse 环境中进行图形界面的可视化设计方法。

二、实验内容及步骤

访问上机实验网站（http://www.wustwzx.com/java），单击"6. Java UI 设计"的超链接，下载本实验内容的源代码（含素材）并解压，得到文件夹 Java_ch06。

1．AWT 中容器、布局、常用组件的使用

（1）在 eclipse 中导入解压文件夹中的 Java 项目 TestAWT。

（2）查看程序 TestAWT0.java 中直接向顶层容器 JFrame 添加组件的方法。

（3）验证程序 TestAWT1.java 中边界布局的五个位置的关键字是不可更改的。

（4）验证若将标签内容改为中文，则运行时将出现中文乱码。

（5）使用流式布局（FlowLayout）或其他任意布局，查看其效果。

（6）对 Frame 不使用固定大小，而通过 pack() 来自适应控件大小。

2．AWT 中插入文字、绘图和图像的加载

（1）查看程序 TestAWT2.java，其中 Frame 包含两个 Panel，而程序 TestAWT1.java 中未包含任何 Panel。

（2）查验 DrawingPanel 和 PicturePanel 重写的 paint() 方法的参数为 Graphics 类型。

（3）观察控制台输出，查验绘图时仅执行 paint() 方法一次，而图像加载时多次执行 paint() 方法。

（4）将方法 setResizable() 屏蔽，运行时调节窗口大小，观察到控制台 paint() 方法再次被执行。此时，绘图及加载图像的 paint() 方法均被调用一次。

（5）将程序中的格点布局（GridLayout）换成空布局后，适当修改相关代码。

3．AWT 空布局、面板组件、对话框和事件处理模型

（1）查看程序 TestAWT3.java，其中 Frame 使用的是空布局。

（2）在空布局中，各窗体通过设置其起始点、宽度及高度来决定位置。

（3）查验 addActionListener() 中的 actionPerformed() 方法，当监听器监听到事件的发生时，执行 actionPerformed() 方法。

（4）观察面板计数，当 btn1 控件被执行时，监听器监听到点击事件后立即更新计数。

（5）将 Dialog 窗体添加进事件监听器，并设置其布局，通过导入外部监听器来控制对话框中按钮的事件处理。

4．了解 Java 小程序的特点

（1）打开 Java 小程序 TestApplet.java，查验无 main() 方法。

（2）分别查看重写的 paint() 方法和 4 个生命周期方法。

（3）单击"运行"按钮，将出现的窗口依次缩小、放大和关闭，观察控制台的输出。

5．Swing 中布局与常用组件的使用

（1）将解压文件夹中的 Java 项目 TestSwing 导入 eclipse。

（2）查验程序 TestSwing1.java 和程序 TestSwing2.java 中可以不使用 Panel 容器，直接在 JFrame 中添加控件。

（3）观察程序中的中文编码情况，发现在 Swing 中的中文可以正常显示。

（4）Swing 与 AWT 一定不同，虽然有很多相似的实现方法。不同在于 Swing 中的常用组件名称往往都以 J 开头，在程序中测试各控件的效果。

（5）在 Swing 中，JFrame 可以通过 setDefaultCloseOperation 来直接设置关闭模式而不需要重新设置监听器。

（6）Swing 提供各种封装好的控件和组件供开发者使用，并保证了线程的安全性。

（7）通过在 TestSwing2.java 中添加 JPanel 并设置布局，熟悉窗体和各种布局的使用方法和表现效果。

（8）查看程序 TestSwing4.java 中 Swing 菜单的设计方法。

（9）查看程序 TestSwing4.java 中 Swing 选项卡的设计方法。

（10）查看程序 TestSwing5.java 中 Swing 表格的设计方法。

（11）查看程序 TestSwing5.java 中 Swing 列表的设计方法。

（12）查看程序 TestSwing5.java 中 Swing 树型组件的设计方法。

6．Swing 对话框和下拉列表联动

（1）查看程序 TestSwing3.java 与 TestSwing4.java，其中类 JOptionPane 提供了常用对话框的使用，比 AWT 对话框设计简便。

（2）通过事件监听器中的 itemStateChanged() 方法，当选择项被改变时，触发事件 ItemEvent。

（3）在下拉列表联动中，当第一个列表框的非空内容被选择后，再加载第二个列表框。

（4）通过在第二个监听器中监听所选择的城市，来判断城市监听器是否已经被触发，从而保证只有在两者都被选择的情况下才弹出对话框。

（5）通过 JComboBox 中的 addItem() 方法和 removeAllItems() 方法来加载和刷新列表内容。

三、实验小结及思考

（由学生填写，重点填写上机实验中遇到的问题。）

第 7 章

Java I/O 操作与文件读写

几乎所有的程序设计语言都具有输入/输出功能，Java 语言也不例外。输入/输出是指程序与外部设备或其他计算机进行交互的操作，如从键盘读数据、从文件读数据、向文件写数据等。Java 语言的输入/输出都是使用流来实现的，java.io 包中以类的形式定义了多种不同方式读写数据的输入/输出流，为程序员灵活处理各种输入/输出提供了方便。本章主要介绍了 Java 实现 I/O 操作的相关 API，其要点如下：

- 掌握流的分类方法；
- 掌握控制台 I/O 的使用；
- 掌握类 File 的使用方法；
- 掌握文件读写的方法；
- 掌握字节流的分类及使用；
- 掌握字符流的分类及使用；
- 掌握对象序列化与反序列化的使用。

7.1 Java I/O 流及分类

流（Stream）是指流动的数据序列，其概念比文件更加广泛。按照不同的标准，流可以划分为不同的类型。Java 中的包 java.io 为流的处理提供了相关类 API。

1．输入流和输出流

流按流向分为输入流和输出流。输入流是指程序可以从中读取数据的流 。例如，当程序从键盘（文件、网络或内存）读取数据时，键盘是一个输入流。输出流是指程序能向其中写入数据的流。例如，当向屏幕（文件、网络或内存）写数据时，屏幕则是一个输出流。

2．字节流和字符流

流按数据传输单位分为字节流和字符流。字节流操作的基本单元为字节，通常用于处理二进制数据，如图像数据流；字符流操作的基本单元为 Unicode 码元，通常用于处理文本数据。

注意：

（1）字节流可以处理任意类型的数据，而字符流只能处理文本型数据。

（2）Java 字节流的处理过程默认不使用（内存）缓冲区，而字符流使用缓冲区。

3．节点流和过滤流

节点流是用于直接操作目标设备的流，是直接从一个源读写数据的流（这个流没有经过包装和修饰）；过滤流则是对一个已存在的流的封装，为程序对数据进行处理提供功能强大、灵活的读写功能。

无论数据如何流动，以及数据本身是什么类型，通过 I/O 流读写数据的方法基本上都遵循如下三个步骤：

（1）打开一个流；

（2）读（或写）信息；

（3）关闭流。

7.2　控制台 I/O

Java 控制台有两种表现形式，一种是在命令行方式下执行 JDK 命令的窗口，另一种是 eclipse 的 Console。Java 遵循标准的 I/O 模型，由类 java.lang.System 操纵控制台 I/O，提供了 Syetem.in、System.out 和 System.err 三个对象，如图 7.2.1 所示。

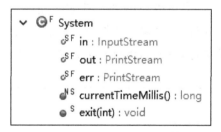

图 7.2.1　类 java.lang.System 的定义

7.2.1　PrintStream 对象 System.out 和 System.err

System.out 是一个 PrintStream 对象，它指向运行 Java 应用程序的终端窗口。

System.err 是一个 PrintStream 对象，它指向运行 Java 应用程序的终端窗口，用于出错信息的输出。

注意：有关 PrintStream 对象的详细讲解参见 7.4.1 节。

7.2.2　InputStream 对象 System.in

System.in 是一个字节输入流（InputStream）对象，它指向用户的键盘。

注意：有关 InputStream 的详细讲解参见 7.4.1 节。

7.3 文件类 File 及 Java 文件读写

Java 提供了一个帮助处理文件与目录的类 File。用户通过该类提供的方法，可以实现对文件与目录的新建、删除、属性获取与设置等功能。

7.3.1 类 File 的常用方法

类 File 的对象可以代表一个具体的文件路径，既可以使用绝对路径也可以使用相对路径。绝对路径是从盘符开始表示的路径，而相对路径是相对当前目录的路径。

类 File 的使用与操作系统无关，但路径的表示与操作系统相关。不同系统采用的路径分隔符是不同的，如 Windows 使用"\"，Unix 系统使用"/"。为了使 Java 程序能适应不同的操作平台，类 File 设置了一个静态成员变量 File.separator，该属性保存了程序运行时的系统所采用的路径分隔符，使用该变量表示的路径可以适用所有系统。

例如，在 Windows 平台下，

● d:\java\test\Hello.java 表示一个绝对路径；

● \test\Hello.java 表示一个相对路径。

注意：

（1）Java 程序里，需要使用"\\"来表示路径分隔符。

（2）在 Windows 环境下，也可以使用"/"来表示路径分隔符。

类 File 提供了创建文件或目录对象的构造方法、新建文件方法 createNewFile()、新建文件夹方法 mkdir()、删除文件方法 delete() 和创建临时文件的静态方法 createTempFile() 等，如图 7.3.1 所示。

图 7.3.1 类 java.io.File 的定义

【例 7.3.1】文件与目录使用示例。

使用文件与目录的示例代码如下：

```java
import java.io.File;
import java.io.IOException;
import java.text.SimpleDateFormat;
import java.util.ArrayList;
public class Ex7_1 {
    public static void displayDir(File dir) {   //列出所有的文件及目录
        System.out.println("该路径下的文件与目录：\n--------------------");
        File[] files = dir.listFiles();
        ArrayList<File> fileList = new ArrayList<File>();
        for (int i = 0; i < files.length; i++) {
            // 先列出目录
            if (files[i].isDirectory()) { //为目录
                //取得路径名
                System.out.println("子目录：[" + files[i].getPath() + "]");
            } else {
                // 文件先存入 fileList，待会再列出
                fileList.add(files[i]);
            }
        }
        for (File f : fileList) { //列出文件
            System.out.println("文件：" + f.toString());
        }
    }
    public static void displayFileAttributes(File file) {
        if (file.isFile()) { //是否为文件
            System.out.print("文件"+file.getName()+"属性：");
            System.out.print(file.canRead() ? "可读" : "不可读");
            System.out.print(file.canWrite() ? "可写" : "不可写");
            System.out.println(file.length() + "字节");
        } else {
            System.out.println("参数类型不合适！");
        }
    }
    public static void main(String[] args) throws IOException {
        File path = new File("c:\\java_io");
        System.out.println("路径："+path.getAbsoluteFile());   //获取绝对路径并输出
        //File file = new File("c:"+File.separator+"java_io");
        //File file = new File("c:\\java_io\\test.txt");
        //显示指定下的子目录和文件
        displayDir(path);
        //创建系统时间命名新建的文件
        SimpleDateFormat sdf=new SimpleDateFormat("yyyy-MM-dd-hh-mm-ss");
        File newFile=new File("c:\\java_io\\"+sdf.format(new java.util.Date())+".jpg");
        //文件存在判定
        System.out.println("文件"+newFile.getName()+"存在吗？" + newFile.exists());
        //以指定 newFile 对象来创建一个文件
```

```
        if(newFile.createNewFile()) {
            System.out.println("新文件"+newFile.getName()+"创建成功！");
        };
        //在当前路径下创建一个指定了前缀和扩展名的临时文件
        File tmpFile = File.createTempFile("aaa", ".txt", path);
        displayFileAttributes(tmpFile);
        // 指定当 JVM 退出时删除该文件
        //tmpFile.deleteOnExit();
    }
}
```

程序的运行结果如图 7.3.2 所示。

```
路径：c:\java_io
该路径下的文件与目录如下：
子目录：[c:\java_io\music]
文件：c:\java_io\gz.dat
文件：c:\java_io\SayHello.exe
文件：c:\java_io\Text.txt
--------------------------------
文件2018-04-20-02-20-47.jpg存在吗？false
新文件2018-04-20-02-20-47.jpg创建成功！
文件aaa9175904261270391499.txt属性：可读可写0字节
```

图 7.3.2　测试 java.File 程序的运行结果

7.3.2　Java 文件读写

Java 文件的读写有字节流和字符流两种读写方式，需要使用 Java I/O 操作的相关 API（将在 7.4 节和 7.5 节详细介绍）。下面介绍一个例子，使用 System.in 获得来自控制台的输入流，再包装成字符流，从字符流中读入数据。为了能读取整行的数据，采用类 BufferedReader 来进行处理，而且在读取的过程中还需要捕获 IOException。

【例 7.3.2】Java 文件读写示例。

通过键盘任意输入一串字符后，写入文本文件 Text.txt 中。再次输入刚才的文本并写入另一个文本文件 Text2.txt 中。对两次输入采用不同的接收方式，其代码如下：

```
/*
 * 存储字符占用的内存（或外存）字节编码长度与文本编码方式相关
 * 以 2 种不同的方式接收控制台的输入流
 */
import java.io.BufferedReader;
import java.io.File;
import java.io.FileOutputStream;
import java.io.FileWriter;
import java.io.InputStreamReader;
public class Ex7_2 {
```

```
public static void main(String[] args) {
    File file;
    System.out.println();
    System.out.print("请输入一串字符：");
    try {
        byte[] b = new byte[128]; //定义字节数组
        // 以回车作为结束符（占 2 个字节）
        // 接收键盘（输入流对象）输入
        // 返回数组长度（包含了回车符占用的 2 个字节）
        // InputStream inputStream = System.in;   //字节输入流
        int count = System.in.read(b);   //以字节输入流方式接收
        // InputStream is = System.in;   //字节输入流
        file = new File("c:\\java_io\\Text1.txt"); //新建文件
        // 创建文件输出流（字节流）对象
        FileOutputStream fos = new FileOutputStream(file);
        fos.write(b, 0, count); //写入
        fos.flush();fos.close();
        System.out.println("文件 Text1.txt 写入结束");

        System.out.print("请再次输入刚才的内容：");
        // 将字节流（System.in）转换为字符流
        InputStreamReader isr = new InputStreamReader(System.in);
        // 带缓冲的字符输入流
        BufferedReader br = new BufferedReader(isr);
        String str = br.readLine(); //遇到回车换行符时结束
        System.out.println("你输入了: " + str);
        file = new File("c:\\java_io\\Text2.txt");
        FileWriter fw = new FileWriter(file); // 创建文件输入出流（字符流）对象
        fw.write(str);
        fw.flush();
        fw.close(); // 关闭输入流
        System.out.println("文件 Text2.txt 写入结束");
        System.out.println("请分别查验文件 Text2.txt 和 Text2.txt 的长度。");
    } catch (Exception e) {
        e.printStackTrace();
    }
}
```

程序的运行结果如图 7.3.3 所示。

```
请输入一串字符：a中
文件Text1.txt写入结束
请再次输入刚才的内容：a中
你输入了：a中
文件Text2.txt写入结束
请分别查验文件Text2.txt和Text2.txt的长度。
```

图 7.3.3　Java 文件读写示例程序的运行结果

注意：

（1）一个国标（中文）字符在内存中占用的字节大小与使用编码有关。

（2）文件属于操作系统的概念，文本文件字符有多种编码方案，不同于 JVM 内部使用的 Unicode。

（3）GBK 编码占用 2 字节，utf-8 占用 3 字节，utf-16 占用 4 字节。

7.4 字节流

在 Java 中，字节流一般适用于处理字节数据（如图片、视频），字符流适用于处理字符数据（如文本文件），但二者并没有严格的功能划分，因为有过滤流的存在，使得对于数据的处理变得更加灵活。

字节流（byte stream）是以字节为单位传输数据的流，主要用于处理二进制数据。字节流处理单元为 1 个字节，常用于对音频文件、图片、歌曲等按字节或字节数组来处理的情况。所有文件的存储都是字节（byte）的存储，在磁盘上保留的并不是文件的字符，而是先把字符编码成字节，再将这些字节存储到磁盘中。在读取文件（特别是文本文件）时，也是逐个字节地读取以形成字节序列。字节流是最基本的流，采用 ASCII 编码。

7.4.1 字节流抽象类 InputStream 与 OutputStream

Java I/O 流的概念屏蔽了输入源与输出源的类型，将所有数据看作抽象的流，并使用抽象类 InputStream 和 OutputStream 分别表示输入流和输出流。InputStream 和 OutputStream 作为各种输入、输出字节流的基类。

FileInputStream 与 FileOutputStream 是 InputStream 与 OutputStream 的常用实现类，分别表示文件输入字节流和文件输出字节流，在进行文件读写时用到。当然，有时可能需要其他 java.io.File 类的配合，详见 7.4.2 节。

InputStream 类用来表示不同数据源，常用的数据源有字节数组、String 对象、文件和管道等，每一种数据源都有对应的 InputStream 子类；OutputStream 类则表示抽象的输出流。

FilterInputStream 用于封装其他输入流，并为它们提供额外的功能。例如，底层 InputStream 和 OutputStream 基于字节流，没有缓存机制，一般需对 BufferedInputStream 和 BufferedOutputStream 进行封装后再使用。同样地，FilterOutputStream 用于封装其他的输出流。

DataInputStream 和 BufferedInputStream 都继承自 FilterInputStream，它们都对 InputStream 流做了一定的封装。类似地，FilterOutputStream 的子类 DataOutputStream 和 BufferedOutputStream 对 OutputStream 流做了一定的封装。

图 7.4.1 和图 7.4.2 分别表示字节输入/输出流的子类层次及继承关系。

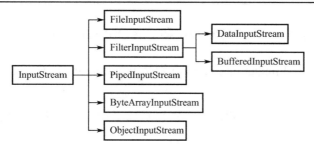

图 7.4.1　InputStream 类及其子类的层次和继承关系

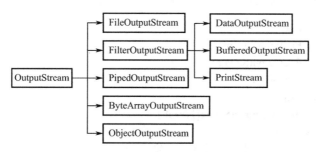

图 7.4.2　OutputStream 类及其子类的层次和继承关系

注意：

（1）System.in 是 InputStream 类型，而 System.out 是 PrintStream 类型。

（2）对象流 ObjectInputStream 和 ObjectOutputStream 的使用，参见 7.6 节。

抽象的字节输入流类 InputStream 主要定义了获取字节流方法 read() 和获取流长度方法 available()，而抽象的字节输出流类 OutputStream 主要定义写入字节流方法 write() 和强制发送缓冲区数据方法 flush()，如图 7.4.3 所示。

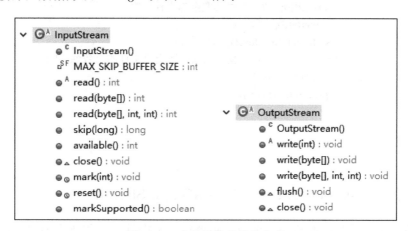

图 7.4.3　字节流抽象类的定义

注意：

（1）I/O 流一旦被创建，便自动打开。

（2）InputStream 能从来源处读取每个字节，所以它是最低级的。

7.4.2 文件字节流 FileInputStream 和 FileOutputStream

FileInputStream 和 FileOutputStream 分别是 InputStream 和 OutputStream 的实现类，重写了基类的 read() 和 write() 方法，用于以字节流方式读取和写入文件，它们的构造方法参数可以是 File 文件，也可以是文件绝对路径字符串，但实际上使用 File 文件更加规范。

【例 7.4.1】使用字节输入/输出流完成任意类型的文件复制。

使用文件字节流完成任意文件复制的程序代码如下：

```java
import java.io.File;
import java.io.FileInputStream;
import java.io.FileOutputStream;
public class Example7_4_1 {
    static File file;
    public static void main(String[] args) {
        try {
            //创建文件输入字节流对象
            FileInputStream fis = new FileInputStream("c:\\java_io\\music\\white.mp3");
            //创建文件输出字节流对象
            FileOutputStream fos =
                            new FileOutputStream("c:\\java_io\\music\\white2.mp3");
            /*FileInputStream fis = new FileInputStream("c:\\java_io\\sayHello.exe");
            FileOutputStream fos =
                            new FileOutputStream("c:\\java_io\\sayHello2.exe");*/
            System.out.println("正在拷贝...");
            byte[] b=new byte[fis.available()];    //定义字节数组，大小为文件长度
            fis.read(b);    //一次性读取全部文件内容
            fos.write(b);    //写入
            fis.close(); fos.close();    //关闭流
            System.out.println("复制完成，请查验文件的一致性。");
        } catch (Exception e) {
            e.printStackTrace();
        }
    }
}
```

7.4.3 数据流 DataInputStream 和 DataOutputStream

Java 提供了一系列过滤流的实现类，每个实现类提供了一种典型的信息处理功能。数据字节流（简称数据流）是过滤流的子类，用于在流处理过程中简化和标准化某些功能，如缓冲、压缩和加密等。数据字节流 DataInputStream 和 DataOutputStream 的常用方法如图 7.4.4 所示。

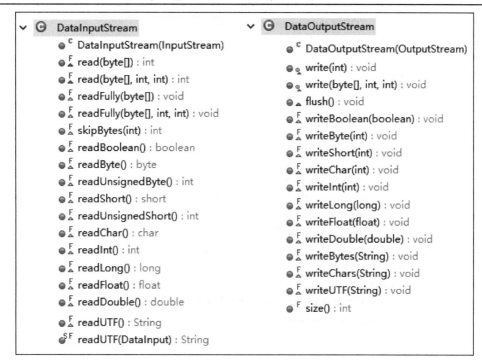

图 7.4.4 数据字节流类 Data InputStream 和 DataOutputStream 的常用方法

注意：使用数据操作流，需要先由用户制定数据的保存格式后，才可以使用数据输入流将数据读取进来。

【**例 7.4.2**】使用数据字节流 DataInputStream 和 DataOutputStream，在文件中保存不同 Java 类型的数据。

程序代码如下：

```java
import java.io.DataInputStream;
import java.io.DataOutputStream;
import java.io.FileInputStream;
import java.io.FileOutputStream;
public class Example7_4_2 {
    public static void main(String[] args) {
        try {
            //创建文件输出字节流
            FileOutputStream fos = new FileOutputStream("c:\\java_io\\gz.dat");
            //创建数据输出字节流
            DataOutputStream dos=new DataOutputStream(fos);
            dos.writeUTF("张三");    //字符串
            dos.writeInt(7500);
            dos.writeDouble(3.14159);
            dos.writeChar('a');
            dos.close();
        } catch (Exception e) {
```

```
                    // TODO Auto-generated catch block
                    e.printStackTrace();
            }
            try {
                    //创建数据输入流
                    FileInputStream fis = new FileInputStream("c:\\java_io\\gz.dat");
                    //创建数据输入字节流
                    DataInputStream dis=new DataInputStream(fis);    /
                    //获取并输出
                    System.out.println("数据流内容如下：");
                    System.out.println(dis.readUTF());    //字符串
                    System.out.println(dis.readInt());
                    System.out.println(dis.readDouble());
                    System.out.println(dis.readChar());
                    dis.close();
            } catch (Exception e) {
                    // TODO Auto-generated catch block
                    e.printStackTrace();
            }
        }
    }
```

程序的运行结果如图 7.4.5 所示。

```
数据输出流大小:22字节
数据流内容如下：
张三
7500
3.14159
a
```

图 7.4.5　程序的运行结果

7.4.4　字节缓冲流 BufferedInputStream 和 BufferedOutputStream

缓冲流是一个增加了内部缓存的流。当一个简单的写请求产生后，数据并不是马上写到所连接的输出流和文件中，而是写入高速缓存。当缓存写满或关闭流之后，再一次性从缓存中写入输出流或文件中。这样可以减少实际写请求的次数，以此提高数据写入文件中的效率。

类似地，从一个带有缓存的输入流读取数据，也可先把缓存读满，随后的读请求直接从缓存中而不是从文件中读取，这种方式大大提高了读取数据的效率。

BufferedInputStream 和 BufferedOutputStream 提供了字节流的缓冲功能，它们可以使用缓冲区，以提高处理速度。

注意：字节缓冲流是对字节流的再包装。

【例 7.4.3】 使用缓冲字节流的示例。

测试方案是：创建一个程序，分别运用缓冲和非缓冲技术，将随机产生的 100000 个双精度数写到某个文件中，并记录所用时间。程序代码如下：

```java
import java.io.BufferedOutputStream;
import java.io.DataOutputStream;
import java.io.FileOutputStream;
import java.io.FilterInputStream;
public class Example7_4_3{
    public static void main(String[] args) {
        try {
            //获取系统当前时间戳
            long start = System.currentTimeMillis();
            System.out.println();
            System.out.println("开始时间戳: "+start);
            FileOutputStream fos = new FileOutputStream("c:\\java_io\\sample.ini");
            //DataOutputStream 是 FilterOutputStream 的子类
            //未包装成缓冲流
            DataOutputStream dos = new DataOutputStream(fos);
            for (int i = 0; i < 100000; i++) {
                    dos.writeDouble(Math.random());
            }
            dos.close();fos.close();
            long stop = System.currentTimeMillis();
            System.out.println("不使用缓存，程序运行时间: " + (stop - start) + "毫秒");
        } catch (Exception e) {
            System.out.println(e.toString());
        }
        System.out.println("-----------------------------");
        try {
            long start = System.currentTimeMillis();
            System.out.println("开始时间戳: "+start);
            FileOutputStream fos = new FileOutputStream("c:\\java_io\\sample.ini");
            //先包装成缓冲流
            BufferedOutputStream bos = new BufferedOutputStream(fos);
            //后包装成数据流
            DataOutputStream dos = new DataOutputStream(bos);
            for (int i = 0; i < 100000; i++) {
                    dos.writeDouble(Math.random());
            }
            dos.close();fos.close();
            long stop = System.currentTimeMillis();
            System.out.println("使用了缓存，程序运行时间: " + (stop - start) + "毫秒");
        } catch (Exception e) {
            System.out.println(e.toString());
        }
```

```
        }
    }
```

程序的运行结果如图 7.4.6 所示。

```
开始时间戳：1524300455654
不使用缓存，程序运行时间：257毫秒
-------------------------------
开始时间戳：1524300455911
使用了缓存，程序运行时间：9毫秒
```

图 7.4.6   程序的运行结果

7.5   字符流

对于二进制数据，如音频、视频、图像等，使用字节流操作比较方便。然而，对于一段文本，如果使用字节流操作，读取时以字节流读入，显示字符时则需要进行字节与字符的转换。为此，JDK 提供了直接操作文本数据的字符流（char stream）API。字符流是以字符为单位传输数据的流，分别操作字符、字符数组或字符串。字符流常用于处理文本数据。

7.5.1   字符流抽象类 Reader 和 Writer

在 Java 中，分别使用抽象类 Reader 和 Writer 表示字符输入流和字符输出流。流处理的基本单元为 2 个字节的 Unicode 字符，字符流是由 Java 虚拟机将字节转化为 2 个字节的 Unicode 码而成的，主要用于处理多国语言或文本。

表示字符流的抽象类及其实现类如图 7.5.1 所示。

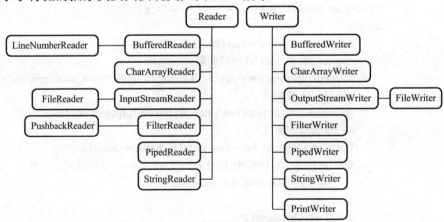

图 7.5.1   表示字符流的抽象类及其实现类

注意：

（1）与字节流抽象基类相对应，字符流抽象基类 Reader 和 Writer 分别提供了抽象方法 read() 和 write()。

（2）字符流处理的基本单元为 2 个字节的 Unicode 字符，分别操作字符、字符数组或字符串；而字节流的处理单元为 1 个字节，分别操作字节和字节数组。

（3）缓冲字符流类 BufferedReader 和 BufferedWriter 是对字符流的封装。

（4）字符读写流类 InputStreamReader 和 OutputStreamWriter 主要用于字符流的读写。

（5）字符流类 FileReader 和 FileWriter 主要用于文本文件字符流处理。

（6）打印字符流类 PrintWriter 表示具有自动行刷新的缓冲字符输出流。

7.5.2　字符流类 InputStreamReader 和 OutputStreamWriter

字符流类 InputStreamReader 和 OutputStreamWriter 分别是抽象类 Reader 和 Writer 的实现类，其构造方法的参数类型分别是 InputStream 和 OutputStream，如图 7.5.2 所示。

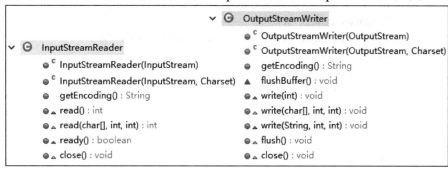

图 7.5.2　字符流抽象类的实现类

InputStreamReader 封装了 InputStream，它以较高级的方式，一次读取一个字符。

```
FileInputStream fis=new FileInputStream("d:\\dir\\text.txt");   //文件字节流
InputStreamReader isr=new InputStreamReader(fis," UTF-8");   //转换为字符流
int i;
while((i=isr.read()) != -1){
    System.out.println((char)i);   //输出
}
```

【例 7.5.1】字符读写流使用示例。

程序代码如下：

```
import java.io.FileInputStream;
import java.io.FileOutputStream;
import java.io.IOException;
import java.io.InputStreamReader;
import java.io.OutputStreamWriter;
public class Example7_5_1  {
    public static void main(String[] s) throws IOException {
        //参数 true 表示追加方式
        FileOutputStream fio=new FileOutputStream("c:\\java_io\\Text2.txt",true);
        //封装为字符流，第 2 参数为编码
```

```
OutputStreamWriter out=new OutputStreamWriter(fio, "UTF-8");
out.write("b 国");
out.close();
System.out.println("字符已经追加到文本文件 Text2.txt 里了。");
System.out.println("读取文本文件 Text2.txt 的字符信息如下：");
FileInputStream fis = new FileInputStream("c:\\java_io\\Text2.txt");
InputStreamReader isr = new InputStreamReader(fis, "UTF-8");   //
int ch = 0;
int[] temp = new int[1024];
int i = 0;
while ((ch = isr.read()) != −1) {
    temp[i++] = ch;
    System.out.print((char) ch);
}
System.out.println("\n--------------------------");
System.out.println("文本字符的 Unicode 编码值如下：");
for (int j = 0; j < i; j++) {
    if (j % 8 == 0 && j != 0) {
        System.out.print("\n");
    }
    System.out.printf("%04X ", temp[j]);
}
isr.close();
    }
}
```

程序的运行结果如图 7.5.3 所示。

```
字符已经追加到文本文件Text2.txt里了。
读取文本文件Text2.txt的字符信息如下：
b国
----------------------------
文本字符的Unicode编码值如下：
0062 56FD
```

图 7.5.3　程序的运行结果

注意：InputStreamReader 是字节流通向字符流的桥梁，它将字节流转换为字符流。

7.5.3　文件字符流类 FileReader 和 FileWriter

类 FileReader 和 FileWriter，分别作为字符流 InputStreamReader 和 OutputStreamWriter 的子类，用于文本文件字符流的处理。

【例 7.5.2】使用字符输入/输出流完成文本文件复制。

程序代码如下：

```
import java.io.File;
import java.io.FileReader;
```

```java
import java.io.FileWriter;
public class Example7_5_2 {
    static File file;
    public static void main(String[] args) {
        // TODO Auto-generated method stub
        try {
            //创建文件对象
            file = new File("c:\\java_io\\text.txt");
            //创建文件字符输入流对象
            FileReader fr=new FileReader(file);
            //FileReader fr=new FileReader("c:\\java_io\\text.txt");

            file=new File("c:\\java_io\\text2.txt");
            //创建文件字符输出流对象
            FileWriter fw=new FileWriter(file);

            System.out.println("正在使用文件字符流进行文件复制...");
            //方式一：单字节复制
            int value;
            while ((value=fr.read())!=-1) {   //逐个字符读取
                fw.write(value);
                fw.flush();
            }
            /*//方式二：使用字节数组
            char[] chars=new char[1024];
            int len=fr.read(chars);      //读到字节数组，len 为文件大小
            while (len!=-1) {
                fw.write(chars,0, len);;
                len=fr.read(chars);
            }*/
            fw.close();fr.close();
            System.out.println("复制完成，请查验文件的一致性。");
        } catch (Exception e) {
            // TODO Auto-generated catch block
            e.printStackTrace();
        }
    }
}
```

7.5.4　字符缓冲流 BufferedReader 和 BufferedWriter

BufferedReader 和 BufferedWriter 提供了字符流的缓冲功能。

BufferedReader 是对 InputStreamReader 的再封装，一次读取一行字符。

BufferedReader 由 Reader 类扩展而来，提供通用的缓冲文本读取方式，readLine 读取一个文本行，从字符输入流中读取文本，缓冲各个字符，从而提供字符、数组和行的高效读取。

BufferedWriter 由 Writer 类扩展而来,提供通用的缓冲文本写入方式,方法 newLine() 使用平台默认的行分隔符,将文本写入字符输出流,缓冲各个字符,从而提供单个字符、数组和字符串的高效写入。使用缓冲字符流的示例代码如下:

```
FileInputStream fis=new FileInputStream("d:\\java_io\\Text.txt");
//假定文本文件编码为 UTF-8
InputStreamReader isr=new InputStreamReader(fis,"UTF-8");
BufferedReader br=new BufferedReader(isr);
String line;
while((line=br.readLine()) != null){   //逐行读取缓冲字符流
    System.out.println(line);
}
```

【例 7.5.3】从键盘读入数据行写入文件中,再从文件里读取信息并在控制台显示。程序使用缓冲字符流读写,其代码如下:

```
import java.io.BufferedReader;
import java.io.File;
import java.io.FileReader;
import java.io.FileWriter;
import java.io.InputStreamReader;
public class Example7_5_3 {
    public static void main(String[] args) {
        File file;
        BufferedReader reader;

        System.out.println();
        System.out.print("请输入一串字符: ");
        try {
            reader = new BufferedReader(new InputStreamReader(System.in));
            file=new File("c:\\java_io\\Text3.txt");
            FileWriter fw = new FileWriter(file);
            String s = reader.readLine();   //读取一行
            fw.write(s); fw.close();
            //也可使用 PrintWriter 完成文件写入
            /*PrintWriter pw=new PrintWriter(
                                new BufferedWriter(new FileWriter(file)));
            pw.println(s);pw.close();*/
            FileInputStream fis=new FileInputStream(file);   //字节流
            //假定文本文件编码为 UTF-8
            InputStreamReader isr=new InputStreamReader(fis,"UTF-8"); //字符流
            reader=new BufferedReader(isr);       //字符缓冲流
            //reader = new BufferedReader(new FileReader(file)); //可能出现中文乱码

            int a = reader.read(); //从文件中读取字符并存入 a 中
            while (a != -1) { //判断文件内容是否结束
                System.out.print((char) a); //输出读取的字符到控制台
```

```
                    a = reader.read(); //读取下一个字符
            }
            reader.close();
        } catch (Exception e) {
            e.printStackTrace();
        }
    }
}
```

程序运行时，输入"China 中国"后按回车键，生成文本文件 Text3.txt（其编码依赖于 eclipse），再读取该文件信息并输出到控制台，结果如图 7.5.4 所示。

```
请输入一串字符：China中国
China中国
```

图 7.5.4　程序的运行结果

7.6　对象序列化与反序列化

Java 对象序列化，是将实现了 Serializable 接口的对象转换成一个字节序列，这个字节序列可以完全恢复为原来的对象。对象序列化以后可以保存在磁盘上，这样，当程序再次运行时就可以恢复该对象，实现持久性的效果。序列化以后的对象可以在网络上传输，使得不同的计算机可以共享对象。

注意：

（1）Serializable 接口是一个没有定义任何方法的接口。

（2）对象序列化用于实现对象的持久化。

（3）对象流的继承关系，参见 7.4.1 节。

（4）由对象流还原对象的过程，也称反序列化。

某个类若能实现 Serializable 接口，就能将这个类的对象写入对象输出流 ObjectOutputStream 中，并且可以通过对象输入流 ObjectInputStream 读取这些对象。在 Java 中，已经有很多类实现了 Serializable 接口，如 Integer、Double、String 等；对于其他类，只要用户在声明时实现该接口，则该类就可以被序列化。

【例 7.6.1】对象序列化与反序列化示例。

程序代码如下：

```
import java.io.*;
//序列化实体类对象
class PersonalInfo implements Serializable {
    private String name;
    private String sex;
    private int age;
```

```java
        public PersonalInfo(String _name, String _sex, int _age) {
            name = _name;
            sex = _sex;
            age = _age;
        }
        public String toString() {
            return new String("Name is: " + name + ", Sex is: " +
                                        sex + ",Age is: " + Integer.toString(age));
        }
}
//测试类
public class TestSerializable {
    public static void main(String[] args) {
        int a = 10;
        String b = "你好吗？ ";
        try{
            ObjectOutputStream oos = new ObjectOutputStream(
                                        new FileOutputStream("c:\\test.dat"));
            oos.writeInt(a);
            oos.writeUTF(b);
            oos.writeObject(new PersonalInfo("Jack", "男", 24));
            oos.close();
            System.out.println("对象序列化已输出完毕！ ");
            ObjectInputStream ois = new ObjectInputStream(
                                        new FileInputStream("c:\\test.dat"));
            int reada = ois.readInt();
            String readb = ois.readUTF();
            PersonalInfo personalInfo = (PersonalInfo)ois.readObject();
            ois.close();
            System.out.println("序列化对象已读入完毕！ 显示如下： ");
            System.out.println("整数为:" + Integer.toString(reada));
            System.out.println("字符串为:" + readb);
            System.out.println("对象为:" + personalInfo.toString());
        }
        catch(Exception e) {
            System.out.println(e.toString());
        }
    }
}
```

程序的运行结果如图 7.6.1 所示。

```
对象序列化已输出完毕！
序列化对象已读入完毕！显示如下：
整数为:10
字符串为:你好吗？
对象为:Name is: Jack, Sex is: 男,Age is: 24
```

图 7.6.1　对象序列化与反序列化示例程序运行结果

160

习题 7

一、判断题

1. 一个 File 表示一个文件，但不能表示一个目录（文件夹）。

2. 使用类 File 时，其路径的表示与操作系统相关。

3. System.err 是一个 PrintStream 对象。

4. 字节流与字符流的读写，都会使用内存缓冲区。

5. 利用字节流的相关类，能实现任意磁盘文件的复制。

二、选择题

1. Java 语言提供处理不同类型流的包是＿＿＿。
   A．java.sql　　　　　　B．java.util　　　　　　C．java.math　　　　　　D．java.io

2. 下列选项中，＿＿＿的类构造方法的参数可使用字符集。
   A．DataInputStream　　　　　　　　　　B．FileReader
   C．InputStreamReader　　　　　　　　　D．BufferedReader

3. 下列选项中，＿＿＿流使用了缓冲区技术。
   A．BuffereOutputStream　　　　　　　　B．FileInputStream
   C．DataOutputStream　　　　　　　　　D．FileReader

4. 下列字节输入流中，＿＿＿不能够被实例化。
   A．FileInputStream　　　　　　　　　　B．FilterInputStream
   C．ByteArrayInputStream　　　　　　　D．ObjectInputStream

5. 能对读入字节数据进行 Java 基本数据类型判断过滤的类是＿＿＿。
   A．PrintStream　　　　　　　　　　　　B．DataOutputStream
   C．DataInputStream　　　　　　　　　　D．BuffereInputStream

三、填空题

1. 为了使 Java 程序能在不同的平台中运行，文件路径应使用的分隔符是＿＿＿。

2. InputStream 获取流长度的方法是＿＿＿。

3. FileOutputStream 的方法 write() 的第 1 参数为＿＿＿类型。

4. BufferedInputStream 类是＿＿＿类的子类。

5. Java 的 I/O 流按功能可划分为节点流和＿＿＿。

6. 当进行字节输入流的数据来自二进制文件时，＿＿＿对象的构造方法的参数是该二进制文件。

7. FileInputStream 实现对磁盘文件的读取操作，在读取字符时，它一般与＿＿＿和 BufferedReader 一起使用。

8. Java 提供自动行刷新的缓冲字符输出流的类是＿＿＿。

实验 7

一、实验目的

（1）理解 Java 流的多种分类方法。

（2）掌握类 File 的使用方法。

（3）掌握字节流 I/O 的相关 API 的用法。

（4）掌握字符流 I/O 的相关 API 的用法。

（5）掌握控制台 I/O 和 Java 文件读写的方法。

（6）了解对象流与对象序列化的概念。

二、实验内容及步骤

访问上机实验网站（http://www.wustwzx.com/java），单击"7. Java I/O 操作与文件读写"的超链接，下载本实验内容的源代码（含素材）并解压，得到文件夹 Java_ch07。

1．类 File 的使用

（1）在 eclipse 中，导入解压文件夹中的项目 Java_ch07。

（2）将解压文件夹中的文件夹 java_io 复制到 c:\。

（3）打开源程序 Ex7_1.java，查看类 File 的构造方法。

（4）查看文件与目录的判定方法，以及遍历某个文件夹中所有子文件夹及文件的用法。

（5）查看新文件和临时文件的创建方法。

2．控制台 I/O 与 Java 文件的创建

（1）打开源程序 Ex7_2.java，查看接收控制台键盘输入流的代码。

（2）查看使用文件输出字节流 FileOutputStream 创建文件的代码。

（3）查看使用文本输入字符流 InputStreamReader 和文件字符输出流 FileWriter 创建文件的代码。

（4）查验由上述两种方式创建的文件长度的不同。

3．Java 字节流 I/O

（1）打开源程序 Ex7_3.java，查看分别使用字节流 FileInputStream 和 FileOutputStream 的 read() 方法和 write() 方法完成任意类型文件复制的用法。

（2）打开源程序 Ex7_4.java，查看从字节输入流到数据流 DataInputStream 的转换方法。

（3）查看数据流 DataInputStream 和 DataOutputStream 的常用方法。

（4）打开源程序 Ex7_5.java，查看缓冲字节输出流 BufferedOutputStream 创建的代码。

（5）运行程序，验证使用缓冲区技术的效率更高。

4．字符流 I/O

（1）打开源程序 Ex7_6.java，查看使用字符流 InputStreamReader 和 OutputStreamWriter 的创建方法。

（2）查看字符流类的方法 write() 和 read()。

（3）运行程序，查看文件长度并与 Unicode 编码长度之和比较。

（4）打开源程序 Ex7_7.java，查看使用 FileReader 和 FileWriter 复制文本文件的方法。

（5）比较单字符复制与使用字节数组复制的不同之处。

（6）打开源程序 Ex7_8.java，查看 BufferedReader 对象的创建方法。

（7）查看创建 FileWriter 对象写文本文件的方法。

（8）查看创建 PrintWriter 对象写文本文件的方法。

5．对象流与对象序列化和反序列化

（1）打开源程序 Ex7_8.java，查看类实现 Serializable 接口的代码。

（2）查看使用对象输出流 ObjectOutputStream 及序列化对象的代码。

（3）查看使用对象输入流 ObjectInputStream 及反序列化对象的代码。

三、实验小结及思考

（由学生填写，重点填写上机实验中遇到的问题。）

第 8 章

Java 网络编程

Java 与网络紧密相连，在网络方面的应用十分广泛。套接字 Socket、统一资源定位器 URL 的使用为服务器与客户程序的通信提供了很大的方便。本章介绍 Java 在网络方面的编程方法。本章学习要点如下：

- 了解两个重要的协议：TCP/IP、HTTP；
- 理解网络流的概念；
- 掌握 URLConnection 与 URL 的关系及编程方法；
- 掌握基于 TCP/IP 的 Socket/ServerSocket 编程方法；
- 掌握基于 UDP 的 DatagramSocket/DatagramPackage 编程方法；
- 掌握 Java 访问 Web Service 的编程方法。

8.1 TCP/IP、HTTP 协议与 Socket

8.1.1 TCP/IP 连接

手机能够使用联网功能是因为手机底层实现了 TCP/IP 协议，可以使手机终端通过无线网络建立 TCP 连接。TCP 协议可以对上层网络提供接口，使上层网络数据的传输建立在"无差别"的网络之上。

建立起一个 TCP 连接，需要经过"三次握手"：

- 第一次握手是客户端发送 syn 包（syn = j）到服务器，并进入 SYN_SEND 状态，等待服务器确认；
- 第二次握手是服务器收到 syn 包，必须确认客户的 SYN（ack = j + 1），同时自己也发送一个 SYN 包（syn = k），即 SYN＋ACK 包，此时服务器进入 SYN_RECV 状态；
- 第三次握手是客户端收到服务器的 SYN＋ACK 包，向服务器发送确认包 ACK（ack = k + 1），此包发送完毕，客户端和服务器进入 ESTABLISHED 状态，完成三次握手。

握手过程中传送的包中不包含数据，三次握手完毕后，客户端与服务器才正式开始传送数据。理想状态下，TCP 连接一旦建立，在通信双方中的任何一方主动关闭连接之前，TCP 连接都将被一直保持下去。服务器和客户端均可以主动发起断开 TCP 连接的请求，断开过程需要经过"四次握手"。

8.1.2　HTTP 连接

在传输数据时，可以只使用传输层的 TCP/IP 协议。此时，便无法识别数据内容。如果想要使传输的数据有意义，则必须使用应用层协议。应用层协议有很多，如 HTTP（HyperText Transfer Protocol，超文本传输协议）、FTP（File Transfer Protocol，文件传输协议）、TELNET（远程登录协议）等。当然，也可以自己定义应用层协议。

Web 使用 HTTP 协议作为应用层协议，以封装 HTTP 文本信息，然后使用 TCP/IP 作为传输层协议将其发送到网络上。

HTTP 协议是 Web 联网的基础，也是手机联网常用的协议之一，HTTP 协议是建立在 TCP 协议之上的一种应用。

HTTP 连接最显著的特点之一是客户端发送的每次请求都需要服务器回送响应，在请求结束后，主动释放连接。从建立连接到关闭连接的过程称为"一次连接"。

在 HTTP 1.0 中，客户端的每次请求都要求建立一次单独的连接，在处理完本次请求后，自动释放连接。

在 HTTP 1.1 中，可以在一次连接中处理多个请求，并且多个请求可以重叠进行，不需要等待一个请求结束后再发送下一个请求。

由于 HTTP 在每次请求结束后都会主动释放连接，因此 HTTP 连接是一种"短连接"，要保持客户端程序的在线状态，需要不断地向服务器发起连接请求。通常的做法是，即使不需要获得任何数据，客户端也保持每隔一段固定的时间向服务器发送一次"保持连接"的请求，服务器在收到该请求后对客户端进行回复，表明知道客户端"在线"。若服务器长时间无法收到客户端的请求，则认为客户端"下线"，若客户端长时间无法收到服务器的回复，则认为网络已经断开。

8.1.3　Socket 及其工作原理

通俗地讲，HTTP 是轿车，提供了封装或显示数据的具体形式；而套接字（Socket）是发动机，提供了网络通信的能力。Socket 是通信的基石，是支持 TCP/IP 协议网络通信的基本操作单元。Socket 是网络通信过程中端点的抽象表示，包含进行网络通信必需的 5 种信息：连接使用的协议、本地主机的 IP 地址、本地进程的协议端口、远地主机的 IP 地址、远地进程的协议端口。

应用层通过传输层进行数据通信时，TCP 会遇到同时为多个应用程序进程提供并发服务的问题。多个 TCP 连接或多个应用程序进程可能需要通过同一个 TCP 协议端口传输数据。为了区别不同的应用程序进程和连接，许多计算机操作系统为应用程序与

TCP/IP 协议交互提供了 Socket 接口。应用层与传输层可以通过 Socket 接口区分来自不同应用程序进程或网络连接的通信，实现数据传输的并发服务。

建立 Socket 连接至少需要一对套接字，其中一个运行于客户端，称为 Client Socket，另一个运行于服务器端，称为 Server Socket。

套接字之间的连接过程分为三个步骤：（1）服务器监听，（2）客户端请求，（3）连接确认。

（1）服务器监听：服务器端套接字并不定位具体的客户端套接字，而是处于等待连接的状态，实时监控网络状态，等待客户端的连接请求。

（2）客户端请求：指客户端的套接字提出连接请求，要连接的目标是服务器端的套接字。为此，客户端的套接字必须首先描述它要连接的服务器的套接字，指出服务器端套接字的地址和端口号，然后向服务器端套接字提出连接请求。

（3）连接确认：当服务器端套接字监听到，或者说接收到客户端套接字的连接请求时，就响应客户端套接字的请求，建立一个新的线程，把服务器端套接字的描述发给客户端，一旦客户端确认了此描述，双方就正式建立连接。而服务器端套接字继续处于监听状态，继续接收其他客户端套接字的连接请求。

Socket 通信的工作过程，如图 8.1.1 所示。

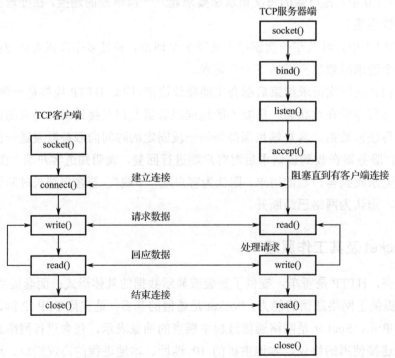

图 8.1.1　Socket 通信工作过程示意图

java.net 是 Java 的网络包，类 java.net.ServerSocket 提供了创建服务端监听端口的构造方法和监听的 accept() 等方法，类 java.net.Socket 提供了创建客户端端口的构造方法和获取服务器地址方法 getRemoteSocketAddress() 等，如图 8.1.2 所示。

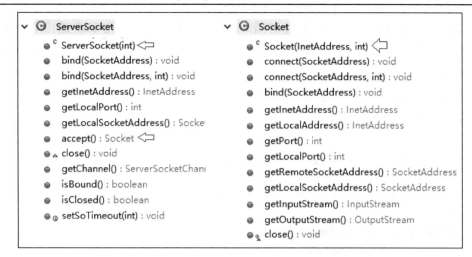

图 8.1.2　Socket 与 ServerSocket 的定义

8.2　Socket 网络编程

8.2.1　基于 TCP 和 UDP 的 Socket 编程

1．基于 TCP 的 Socket 编程

TCP/IP 只是一个协议栈，就像操作系统的运行机制一样，必须要具体实现，同时还要提供对外的操作接口。就像操作系统会提供标准的编程接口，如 Win32 编程接口，TCP/IP 也要提供可供程序员进行网络开发所用的接口，该接口就是 Socket 编程接口。创建 Socket 连接时，可以指定所使用的传输层协议，Socket 支持不同的传输层协议（TCP 或 UDP），当使用 TCP 协议进行连接时，该 Socket 连接就是一个 TCP 连接。

Socket 是对 TCP/IP 协议的封装和应用（程序员层面上）。也可以说，TPC/IP 协议是传输层协议，主要解决数据如何在网络中传输的问题，而 HTTP 是应用层协议，主要负责如何包装数据。

Socket 是对 TCP/IP 协议的封装，Socket 本身并不是协议，而是一个调用接口（API），只有通过 Socket，才能使用 TCP/IP 协议。实际上，Socket 与 TCP/IP 协议没有必然的联系。在设计 Socket编程接口时，就希望也能适应其他的网络协议。所以说，Socket 的出现只是让程序员能够更方便地使用 TCP/IP 协议栈，是对 TCP/IP 协议的抽象，从而形成了我们所知道的一些最基本的方法接口，如 create、listen、connect、accept、send、read 和 write 等。

实际上，传输层的 TCP 协议是基于网络层的 IP 协议的，而应用层的 HTTP 协议又是基于传输层的 TCP 协议的。Socket 本身并不是协议，如前所述，它只是提供了一个针对

TCP 或 UDP 编程的接口。Socket 是针对端口通信的开发工具，它比 TCP 通信更为底层。

注意：网络通信本质上是字节流的传输，因此，网络编程需要第 7 章有关 Java I/O 的基础知识。

【例 8.2.1】基于 TCP/IP 的 Socket 通信。

服务器端程序代码如下：

```
/*
 * 通过 Socket 实现服务器与客户端通信示例
 * 先运行 TCPServer，然后再运行 TCPClient
 * 当运行 TCPClient 后，服务器端会输出来自客户端的信息
 */
import java.io.DataInputStream;
import java.net.ServerSocket;
import java.net.Socket;
@SuppressWarnings("all")
public class TCPServer {    //服务器端
    public static void main(String[] args) throws Exception {
        ServerSocket ss= new ServerSocket(7777);    //设置服务器的监听端口
        System.out.println("Server started.");
        while(true){    //始终监听
            //监听客户端请求
            Socket cs = ss.accept();    //可能产生阻塞（等待）
            //数据输入流
            DataInputStream dis = new DataInputStream(cs.getInputStream());
            System.out.println(dis.readUTF()); //输出来自客户端的信息
            dis.close(); cs.close();
        }
    }
}
```

客户端程序用于创建客户端并向服务器端发送信息，代码如下：

```
import java.io.DataOutputStream;
import java.net.Socket;
public class TCPClient {    //客户端
    public static void main(String[] args) throws Exception {
        // 第一个参数为服务器 IP
        // 第二参数 7777 为服务器端口，与创建 Server Socket 时使用的端口一致
        Socket s = new Socket("127.0.0.1", 7777);    //创建客户端
        DataOutputStream dos = new DataOutputStream(s.getOutputStream());
        dos.writeUTF("Hello Server!"); //向服务器传送信息
        Thread.sleep(5000);    //休眠 5 秒
        dos.flush();
        dos.close(); s.close();
    }
}
```

先运行服务器端程序，控制台显示"Server started"。然后，运行客户端程序，服务器接收来自客户端的信息，并在控制台输出"Hello Server!"，如图 8.2.1 所示。

图 8.2.1　程序的运行结果

注意：（1）图 8.2.1 是在同一台计算机上分别运行服务器端程序和客户端程序后的结果。实际上，运行服务器端程序和客户端程序可以分别在同一网段的两台计算机上运行，只需将客户端程序中的 IP 指定为另一台计算机的 IP。

（2）请读者做一个平行的练习：服务端得到客户端连接后，返回信息给客户端。

2．基于 UDP 的 Socket 编程

用户数据报协议（User Datagram Protocol，UDP）是一种无连接协议。UDP 编程涉及数据报文包 DatagramPacket 及相关类，其定义如图 8.2.2 所示。

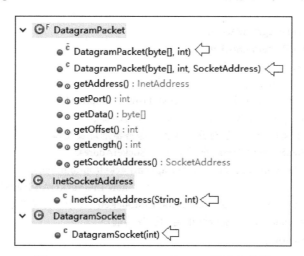

图 8.2.2　DatagramPacket 及 UDP 编程相关类

【**例 8.2.2**】基于 UDP 连接且带数据传输的 Socket 通信。

服务器端程序代码如下：

```
/*
 * 面向无连接的 Socket 通信，使用 UDP 传输协议
 * 本程序为 UDP Socket 通信的服务端程序
 */
import java.net.DatagramPacket;
import java.net.DatagramSocket;
public class UDPServer {
```

```
@SuppressWarnings("resource")
public static void main(String[] args) throws Exception{
    byte buf[]=new byte[1024];
    //设置数据报文包
    DatagramPacket dp=new DatagramPacket(buf,buf.length);
    //创建报文接收端口
    DatagramSocket ds=new DatagramSocket(5678);
    System.out.println("Server started.");
    while(true){
        ds.receive(dp);    //阻塞式的接收
        System.out.println(new String(buf,0,dp.getLength())+",Server!");
    }
}
```

客户端程序代码如下：

```
/*
 *   UDP Socket 客户端
 * 运行本程序前，需要先运行服务端程序
 * 使用 UDP 协议传输信息
 */
import java.net.DatagramPacket;
import java.net.DatagramSocket;
import java.net.InetSocketAddress;
public class UDPClient {
    public static void main(String[] args) throws Exception{
        byte[] buf=(new String("Hello")).getBytes();
        //定义数据报文包对象，包含了服务器地址及端口
        //InetSocketAddress 继承抽象类 SocketAddress
        DatagramPacket dp=new DatagramPacket(buf,buf.length,
                                new InetSocketAddress("127.0.0.1",5678));
        DatagramSocket ds=new DatagramSocket(9999); //创建对象
        ds.send(dp);    //发送到指定的服务器端口
        ds.close();
    }
}
```

测试方法也是先运行服务器端程序，后运行客户端程序，控制台输出与图 8.2.1 相同。

8.2.2　使用多线程支持多客户端

前面提供的 Client/Server 程序只能实现 Server 和一个客户的对话。服务器总是在指定的端口上监听是否有客户请求，一旦监听到客户请求，服务器就会启动一个专门的服务线程来响应该客户的请求，而服务器本身在启动完线程之后马上又进入监听状态，等待下一个客户的到来。

供服务器端主窗体调用的服务器端线程类 ServerSock.java 的代码如下：

```java
public class ServerSock extends Thread{
    private static ServerSocket s = null;
    private static ArrayList allOut = new ArrayList();
    @Override
    public void run(){
        try {
            s = new ServerSocket(5432);
            while(true){
                Socket s1 = s.accept();
                OutputStream s1_out = s1.getOutputStream();
                allOut.add(s1_out);
                InputStream s1_in = s1.getInputStream();
                ServerSockThread one = new ServerSockThread(s1_in,s1_out);
                one.start();
            }
        } catch (IOException e) {
            System.err.println("error");
        }
    }
    public static void out(OutputStream s,String msg){    //向所有客户端发消息方法
        for(int i=0;i<allOut.size();i++){
            try {
                ((OutputStream)allOut.get(i)).write(msg.getBytes());
            } catch (IOException e) {
                e.printStackTrace();
            }
        }
    }
}
```

服务器端界面程序 ServerFrame.java 的代码如下：

```java
public class ServerFrame extends JFrame {
    private String name = "";
    private JScrollPane sp = new JScrollPane();
    private JList lm = new JList();
    private DefaultListModel model = new DefaultListModel();
    private static ServerFrame frm;

    public ServerFrame() {
        this.setTitle("server");
        setSize(500, 500);
        this.getContentPane().setLayout(new BorderLayout());
        this.setLocation(300, 300);
        sp.setViewportView(lm);
        sp.setPreferredSize(new Dimension(500, 470));
```

171

```
            lm.setModel(model);
            this.getContentPane().add(sp, BorderLayout.NORTH);
            frm = this;
            //创建 Socket 服务端
            ServerSock sock = new ServerSock();
            sock.start();
        }
        public static void outMessage(String msg) {
            frm.model.addElement(msg);
        }
        public static void main(String[] args) {
            System.out.println("Server started.");
            ServerFrame c = new ServerFrame();
            c.show();
        }
    }
```

线程类 ServerSockThread.java 供线程类 ServerSock 调用，其代码如下：

```
    public class ServerSockThread extends Thread {
        private InputStream inData;
        private OutputStream os;
        private String name = "-";
        public ServerSockThread(InputStream s1_in, OutputStream out) {
            this.inData = s1_in;
            os = out;
        }
        public void run() {
            try {
                while (true) {
                    byte[] b = new byte[2048];
                    int len = inData.read(b);
                    String str = new String(b, 0, len);
                    if (str.charAt(0) == 'r') {
                        name = str.substring(2);
                        ServerFrame.outMessage("reg:" + name);
                        ServerSock.out(os, "reg:" + name);
                    } else {
                        str = str.substring(2);
                        ServerFrame.outMessage(name + ":" + str);
                        ServerSock.out(os, name + ":" + str);
                    }
                }
            } catch (IOException e) {
                e.printStackTrace();
            }
        }
    }
```

客户端线程类 ClientSock.java 的代码如下：

```java
public class ClientSock extends Thread {
    private Socket s1;
    private InputStream is;
    private OutputStream out;
    public ClientSock() {
        try {
            Socket s1 = new Socket("127.0.0.1", 5432);
            is = s1.getInputStream();
            out = s1.getOutputStream();
        } catch (ConnectException connExc) {
            connExc.printStackTrace();
        } catch (IOException e) {
            e.printStackTrace();
        }
    }
    public void regUser(String name) {
        name = "r:" + name;
        try {
            out.write(name.getBytes());
        } catch (IOException e) {
            e.printStackTrace();
        }
    }
    public void sendMsg(String msg) {
        msg = "m:" + msg;
        try {
            out.write(msg.getBytes());
        } catch (IOException e) {
            e.printStackTrace();
        }
    }
    @Override
    public void run() {
        try {
            while (true) {
                byte[] b = new byte[2048];
                int len = is.read(b);
                String str = new String(b, 0, len);
                ClientFrame.outMessage(str);
            }
        } catch (IOException e) {
            e.printStackTrace();
        }
    }
}
```

客户端界面程序代码如下：

```
public class ClientFrame extends JFrame {
    private String name = "";
    private JScrollPane sp = new JScrollPane();
    private JList lm = new JList();
    private DefaultListModel model = new DefaultListModel();
    private JPanel inputPanel = new JPanel();
    private JLabel label = new JLabel("msg:");
    private JTextField text = new JTextField();
    private JButton btn = new JButton("SEND");
    private ClientSock s;
    private static ClientFrame frm;

    public ClientFrame() {
        setSize(500, 510);
        this.getContentPane().setLayout(new BorderLayout());
        this.setLocation(300, 300);
        sp.setViewportView(lm);
        sp.setPreferredSize(new Dimension(100, 450));
        lm.setModel(model);
        this.getContentPane().add(sp, BorderLayout.NORTH);
        inputPanel.setLayout(new FlowLayout());
        inputPanel.add(label);
        inputPanel.add(text);
        inputPanel.add(btn);
        text.setPreferredSize(new Dimension(340, 20));
        this.getContentPane().add(inputPanel);
        frm = this;
        btn.addActionListener(new ActionListener() {
            public void actionPerformed(ActionEvent e) {
                s.sendMsg(text.getText());
            }
        });
    }
    public static void outMessage(String msg) {
        frm.model.addElement(msg);
    }
    public void show() {
        super.show();
        UserDlg dlg = new UserDlg(this);
        dlg.show();
        name = dlg.getName();
        this.setTitle("client " + name);
        s = new ClientSock();
        s.regUser(name);
```

```
            s.start();
        }
        public static void main(String[] args) {
            ClientFrame c = new ClientFrame();
            c.show();
        }
```

客户端聊天程序代码如下：

```
    public class UserDlg extends JDialog {
        private JLabel label = new JLabel("输入用户名称：");
        private JTextField name = new JTextField();
        private JButton btn = new JButton("OK");
        public UserDlg(Frame frm) {
            super(frm);
            this.setTitle("input user name");
            this.setModal(true);
            this.getContentPane().setLayout(new FlowLayout());
            setSize(300, 80);
            this.setLocation(400, 500);
            this.getContentPane().add(label);
            name.setPreferredSize(new Dimension(100, 20));
            this.getContentPane().add(name);
            this.getContentPane().add(btn);
            btn.addActionListener(new ActionListener() {
                public void actionPerformed(ActionEvent e) {
                    UserDlg.this.dispose();
                }
            });
        }
        public String getName() {
            return name.getText();
        }
        public static void main(String[] args) {
            UserDlg c = new UserDlg(null);
            c.show();
        }
    }
```

服务器端及客户端运行结果如图 8.2.3 所示。

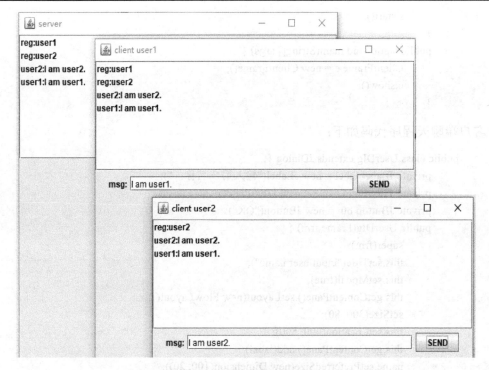

图 8.2.3　多客户端运行结果

注意：服务器上信息列表反映了客户端登录和发送信息的先后次序。

8.3　基于 URL 的网络编程

8.3.1　从 C/S 到 B/S

8.2 节介绍的 Socket 编程属于客户机/服务器模式，即 C/S（Client/Server）模式。实际上，网络编程还有另一种模式，即浏览器/服务器模式，也即 B/S（Browser/Server）模式。

注意：

（1）在 C/S 模式中，客户端有专门的客户端程序，根据应用的需要，客户端也可以存储和处理自己的数据。

（2）使用 C/S 模式架构的界面和操作可以很丰富。

（3）C/S 模式适用面窄，通常用于局域网中。

B/S 模式架构即浏览器/服务器结构。Browser 指的是 Web 浏览器，只有少数事务逻辑在前端实现，主要事务逻辑均在服务器端实现；Browser 客户端、WebApp 服务器端和 DB（数据库服务器）端构成所谓的三层架构。在 B/S 架构中，显示逻辑由 Web 浏览器负责，事务处理逻辑由 WebApp 负责，这样就避免了庞大的"胖"客户端，减小了客户端的压力。由于客户端包含的逻辑很少，因此也被称为"瘦"客户端。

B/S 架构的实质是客户端与服务器之间基于 HTTP 协议的网络通信。

Web 服务器的工作原理并不复杂，一般可分成 4 个步骤：连接过程、请求过程、应答过程和关闭连接。

（1）连接过程就是 Web 服务器与其浏览器之间建立起来的一种连接。查看连接过程是否实现，用户可以找到并打开socket虚拟文件，该文件的建立意味着连接过程这一步骤已经完成。

（2）请求过程是指 Web 的浏览器运用 socket 文件向其服务器提出各种请求。

（3）应答过程就是运用 HTTP 协议把在请求过程中所提出来的请求传输到 Web 服务器，进而实施任务处理，然后运用 HTTP 协议把任务处理的结果传输到 Web 浏览器，同时在 Web 的浏览器上展示上述所请求的界面。

（4）关闭连接是指当上一个步骤（即应答过程）完成以后，Web 服务器与其浏览器之间断开连接的过程。

一个典型的网站服务器平台至少应包括操作系统、Web 服务器、应用程序服务、数据库等，如图 8.3.1 所示。

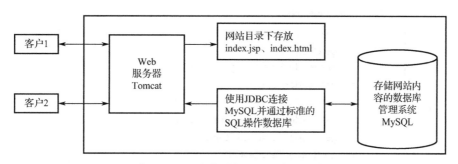

图 8.3.1　一个典型的网站服务器平台

注意：

（1）客户端无须安装，有 Web 浏览器即可，因而维护简单方便。

（2）B/S 架构可以直接放在广域网上，通过一定的权限控制实现多客户访问的目的，交互性较强。

（3）B/S 架构无须升级多个客户端，仅升级服务器即可。

（4）B/S 架构可实现即时查询、浏览等业务。

8.3.2　基于 URL 和 URLConnection 的网络编程

URL（统一资源定位符）表示 Internet 上某一资源的地址。用户可以通过 URL 访问 Internet 上的各种网络资源，如最常见的 WWW 和 FTP 站点。URL 可以被认为是指向互联网资源的"指针"，通过 URL 可以获得互联网资源的相关信息。URL 类将 URL 地址封装成对象，提供了解析 URL 地址的方法，如图 8.3.2 所示。

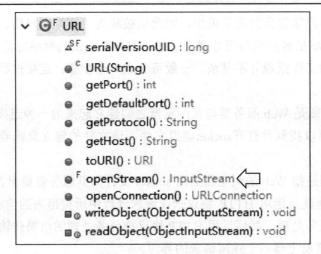

图 8.3.2　类 URL 的定义

　　URLConnection 是封装访问远程网络资源一般方法的类，通过它可以建立与远程服务器的连接，其定义如图 8.3.3 所示。

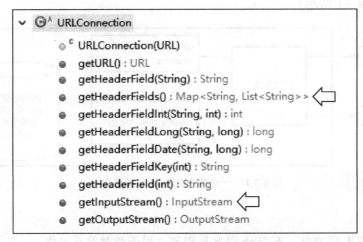

图 8.3.3　类 URLConnection 的定义

注意：

（1）通过 URL 的 openConnection() 方法可以获取 URLConnection 对象。

（2）通过设置 URLConnection 参数和普通请求属性，可向远程资源发送请求。

（3）URL 对象解析的是 URL 地址，可以看作是解析 HTTP 请求报文，而 URLConnection 解析的是 HTTP 响应报文。

　　基于 URL 和 URLConnection 的网络编程，还涉及类 InetAddress，它提供了获取 IP 地址和主机名等相关方法，其定义如图 8.3.4 所示。

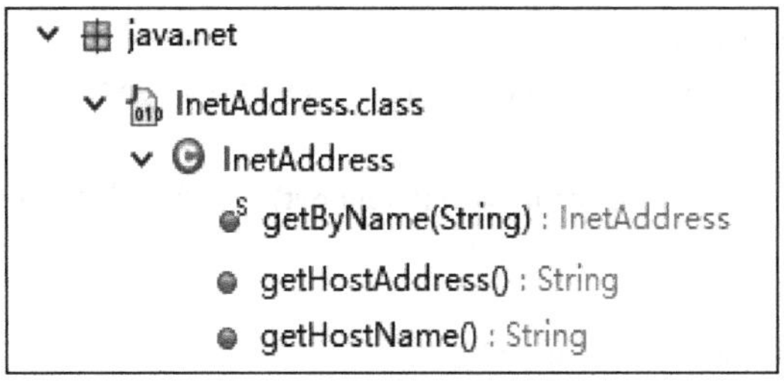

图 8.3.4　类 InetAddress 的定义

【例 8.3.1】使用 java.net.URL 获取网页文档代码。

程序只能获取源文件中的静态代码,而不能获取 JS 代码和服务器程序生成的 HTML 代码,程序代码如下:

```
import java.awt.Container;
import java.awt.GridLayout;
import java.awt.event.ActionEvent;
import java.awt.event.ActionListener;
import java.io.BufferedReader;
import java.io.InputStreamReader;
import java.net.URL;
import javax.swing.JButton;
import javax.swing.JFrame;
import javax.swing.JLabel;
import javax.swing.JPanel;
import javax.swing.JTextArea;
import javax.swing.JTextField;
public class Ex8_4 extends JFrame implements ActionListener {
    JTextField strURL = new JTextField(11);    //字段,输入网络文件名
    JTextArea fileContent = new JTextArea(6, 60);    //文本域,显示文件内容
    JPanel panel1 = new JPanel();
    JPanel panel2 = new JPanel();
    JButton seeButton = new JButton("查看文件内容");
    public Ex8_4() {    //构造方法
        setTitle("下载网页文档");
        Container content = getContentPane();
        content.setLayout(new GridLayout(2, 1));
        panel1.setLayout(new GridLayout(3, 1));
        panel1.add(new JLabel("输入网络文件的名字,
                                        如:http://www.wustwzx.com/java"));
        panel1.add(strURL);
        panel1.add(seeButton);
        panel2.add(fileContent);
        content.add(panel1);
        content.add(panel2);
        seeButton.addActionListener(this);
        pack();
```

```
                    setVisible(true);
                    setDefaultCloseOperation(JFrame.EXIT_ON_CLOSE);
    }
    public void actionPerformed(ActionEvent evt) { // 单击按钮事件处理方法
        Object obj = evt.getSource();
        try {
            if (obj == seeButton) {
                URL url = new URL(strURL.getText()); // 创建 URL 对象
                //需要根据网页文档编码来指定，一般是 UTF-8 或 GBK
                InputStreamReader isr = new InputStreamReader(url.openStream(),
                                                               "GBK");
                BufferedReader in = new BufferedReader(isr);
                String str;
                while ((str = in.readLine()) != null) {   //逐行
                    fileContent.append(str.trim() + '\n');   // 放入文本框显示
                }
                in.close();
            }
        } catch (Exception e) {
            System.out.println("Error:" + e);
        }
    }
    public static void main(String[] args) {
        new Ex8_4();
    }
}
```

程序运行时，在文本框内输入 http://www.wustwzx.com 并单击"查看文件内容"按钮后，结果如图 8.3.5 所示。

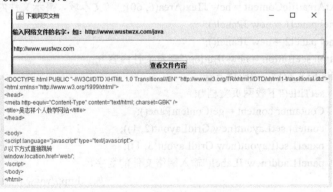

图 8.3.5　程序的运行结果

【例 8.3.2】　使用 URLConnection 对象获取网络资源（HTTP 响应信息的 Header 和 Body）。

程序代码如下：

```
import java.io.BufferedReader;
```

```
import java.io.IOException;
import java.io.InputStream;
import java.io.InputStreamReader;
import java.net.InetAddress;
import java.net.MalformedURLException;
import java.net.URL;
import java.net.URLConnection; //
import java.net.UnknownHostException;
import java.nio.charset.Charset;
import java.util.List;
import java.util.Map;
import java.util.Set;
public class Ex8_5 {
    static {     //静态代码块
        InetAddress inetAddress;
        try {     //www 前不可加 http://
            inetAddress = InetAddress.getByName("www.wustwzx.com");
            System.out.println("主机域名："+inetAddress.getHostName());
            System.out.println("主机 IP："+inetAddress.getHostAddress());
        } catch (UnknownHostException e) {
            e.printStackTrace();
        }
    }
    public static void main(String[] args) {
        BufferedReader bufferedReader = null;
        try {
            URL url = new URL("http://www.wustwzx.com");
            URLConnection urlConnection = url.openConnection();
            Map<String, List<String>> headers = urlConnection.getHeaderFields();
            Set<Map.Entry<String, List<String>>> entrySet = headers.entrySet();
            for (Map.Entry<String, List<String>> entry : entrySet) {
                String headerName = entry.getKey();
                System.out.println("Header Name:" + headerName);
                List<String> headerValues = entry.getValue();
                for (String value : headerValues) {
                    System.out.print("Header value:" + value);
                }
                System.out.println();
            }
            InputStream inputStream = urlConnection.getInputStream(); //获取响应信息
            //教学网站 http://www.wustwzx.com 主页文档编码使用 GBK
            bufferedReader = new BufferedReader(new InputStreamReader(
                                inputStream, Charset.forName("gbk")));//缓冲字符流
            String line = bufferedReader.readLine();
            while (line != null) {
                System.out.println(line);
```

```
                line = bufferedReader.readLine();
            }
        } catch (MalformedURLException e) {
            e.printStackTrace();
        } catch (IOException e) {
            e.printStackTrace();
        } finally {
            try {
                if (bufferedReader != null) {
                    bufferedReader.close();
                }
            } catch (IOException e) {
                e.printStackTrace();
            }
        }
    }
}
```

程序的运行结果如图 8.3.6 所示。

```
主机域名：www.wustwzx.com
主机IP：39.109.11.33
Header Name:Accept-Ranges
Header value:bytes
Header Name:null
Header value:HTTP/1.1 200 OK
Header Name:Server
Header value:Microsoft-IIS/7.5
Header Name:ETag
Header value:"0186fcd4b4ed31:0"
Header Name:Last-Modified
Header value:Thu, 26 Oct 2017 11:16:00 GMT
Header Name:Content-Length
Header value:440
Header Name:Date
Header value:Sun, 22 Apr 2018 07:32:19 GMT
Header Name:Content-Type
Header value:text/html
<!DOCTYPE html PUBLIC "-//W3C//DTD XHTML 1.0 Transitional//EN" "http://www.w3.org/TR/xhtml1/DTD/xhtml1-transitional.dtd">
<html xmlns="http://www.w3.org/1999/xhtml">
<head>
<meta http-equiv="Content-Type" content="text/html; charset=gb2312" />
<title>吴志祥个人教学网站</title>
</head>

<body>
<script language="javascript" type="text/javascript">
    // 以下方式直接跳转
    window.location.href='web/';
</script>
</body>
</html>
```

图 8.3.6　程序的运行结果

8.4　Java WebService

WebService 是由企业发布的完成其特定商务需求的在线应用服务，其他公司或应用软件能够通过 Internet 来访问并使用这项在线服务。

WebService 的关键技术和规则如下：

- 使用 XML 作为描述数据的标准方法；
- 使用 SOAP 表示信息交换的协议（简单对象访问协议）；
- 使用 WSDL 作为 Web 服务描述语言；
- 使用 UDDI 作为通用描述、发现与集成、基于 XML 语言并用于在互联网上描述商务的协议。

Java 提供了开发 WebService 的多种方式，如 Axis2 方式、Apche CXF 方式、Xfire 方式、JDK 方式等，下面通过一个简单的案例项目来说明使用 JDK 方式开发服务器端和客户端的方法。

【例 8.4.1】使用 JDK 方式，开发 WebService 服务器端和客户端。

（1）服务器端项目的创建与运行。

首先，在 eclipse 中创建一个 Java Project 项目，命名为 WS_Server。创建名为 ws_server 的包，在其内创建名为 IWeatherService 的接口，其代码如下：

```java
package ws_server;
import javax.jws.WebMethod;
import javax.jws.WebService;
@WebService
public interface IWeatherService {
    @WebMethod
    public String getWeatherByCityName(String name);
}
```

注意：接口定义时，接口名使用@WebService 注解，方法名使用@WebMethod 注解。

然后，创建接口的实现类 WeatherServiceImp，其代码如下：

```java
package ws_server;
import javax.jws.WebService;
@WebService    //注解实现类
public class WeatherServiceImp implements IWeatherService {
    @Override
    public String getWeatherByCityName(String name) {
        System.out.println(name+"天气晴朗。");
        return name+"天气晴朗";
    }
}
```

最后，在该项目中创建发布该服务的类 ServerTest，其代码如下：

```java
package ws_server;
import javax.xml.ws.Endpoint;
public class ServerTest {
    public static void main(String[] args) {
        Endpoint.publish("http://localhost:8080/WS_Server/Weather",
                                                new WeatherServiceImp());
        System.out.println("WebService publish success...");
    }
}
```

此时，服务器端项目文件系统如图 8.4.1 所示。

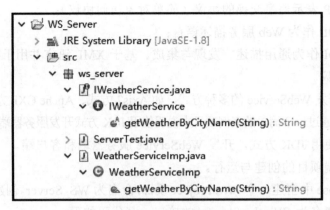

图 8.4.1　Web Service 服务器端文件系统

运行 ServerTest 后，在浏览器中访问 http://localhost:8080/WS_Server/Weather?wsdl，将出现 WebService 发布成功的信息，如图 8.4.2 所示。

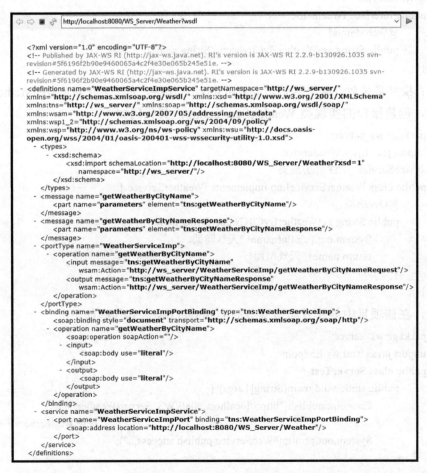

图 8.4.2　WebService 发布成功

（2）客户端项目的创建与运行。

首先，在 eclipse 中新建一个 Java Project 项目，命名为 WS_Client。在 Windows 命令行方式下，进入项目 WS_Client 的 src 目录，执行如下命令：

> wsimport -keep http://localhost:8080/WS_Server/Weather?wsdl

使用 JDK 命令自动生成 WebService 客户端，操作如图 8.4.3 所示。

图 8.4.3　使用 JDK 命令自动生成 WebService 客户端

在 eclipse 中，刷新客户端项目后，其文件系统如图 8.4.4 所示。

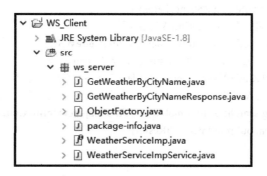

图 8.4.4　WebService 客户端文件系统

然后，在客户端项目编写测试类 ClientTest，其代码如下：

```
package ws_server;
public class ClientTest {
    public static void main(String[] args) {
        // 创建一个 WeatherServiceImpService 工厂
        WeatherServiceImpService factory = new WeatherServiceImpService();
        //根据工厂创建一个 WeatherServiceImpService 对象
        WeatherServiceImp service = factory.getWeatherServiceImpPort();
        //调用 WeatherServiceImpService 提供的方法
        String result = service.getWeatherByCityName("Wuhan");
        System.out.println(result);
    }
}
```

最后，运行客户端的测试类，控制台将打印输出"武汉天气晴朗"，即为调用成功，如图 8.4.5 所示。

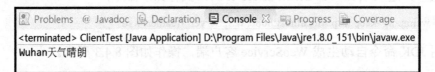

图 8.4.5　运行 WebService 客户端显示结果

【例 8.4.2】调用第三方提供的 WebService 服务——手机归宿地查询。

首先，在 eclipse 中新建一个名为 Phone_WSClient 的 Java Project，在 Windows 命令行方式下，进入项目 Phone_WSClient 的 src 目录，执行如下命令：

```
wsimport -keep http://ws.webxml.com.cn/WebServices/MobileCodeWS.asmx?wsdl
```

在 eclipse 中，刷新客户端项目。然后，编写测试类文件 TestPhone_WSClien，其代码如下：

```
package cn.com.webxml;
public class TestPhone_WSClien {
    public static void main(String[] args) {
        // 创建一个 MobileCodeWS 工厂
        MobileCodeWS factory = new MobileCodeWS();
        // 根据工厂创建一个 MobileCodeWS Soap 对象
        MobileCodeWSSoap mobileCodeWSSoap = factory.getMobileCodeWSSoap();
        // 调用 WebService 服务方法查询手机号码（前 7 位）的归属地
        String searchResult = mobileCodeWSSoap.getMobileCodeInfo("1597205", null);
        System.out.println(searchResult);
    }
}
```

最后，运行该测试程序，在 eclipse 控制台显示"1597205：湖北 武汉 湖北移动全球通卡"，表明 WebService 服务调用成功。

习题 8

一、判断题

1．Java 程序中，使用 TCP 套接字编写服务器端程序的套接字类是 Socket。

2．ServerSocket 的监听方法 accept() 的返回值类型是 Object。

3．使用 UDP 套接字通信时，receive() 方法用于接收数据。

4．B/S 架构的维护成本高，若发生一次升级，则所有客户端的程序都需要改变。

5．WebService 的开发只有一种模式。

二、选择题

1．当使用客户端套接字 Socket 创建对象时，需要指定____。
　　A．服务器主机名称和端口　　　B．服务器端口和文件
　　C．服务器名称和文件　　　　　D．服务器地址和文件

2．使用 UDP 套接字通信时，常用____类把要发送的信息打包。
　　A．String　　　　　　　　　　B．DatagramSocket
　　C．MulticastSocket　　　　　　D．DatagramPacket

3．Java 提供的下列哪个类用于进行有关 Internet 地址的操作？
　　A．Socket　　　　　　　　　　B．ServerSocket
　　C．DatagramSocket　　　　　　D．InetAddress

4．InetAddress 类中____方法可实现正向名称解析（从域名解析为 IP 地址）。
　　A．isReachable()　　　　　　　B．getHostAddress()
　　C．getHosstName()　　　　　　D．getByName()

5．为获取远程主机的文件内容，当创建 URL 对象后，需要使用____方法获取信息。
　　A．getPort()　　　　　　　　　B．getHost()
　　C．openStream()　　　　　　　D．openConnection()

三、填空题

1．WebService 的关键技术和规则有 XML、SOAP、____和 UDDI。

2．ServerSocket 的 getInetAddress() 方法的返回值类型是____。

3．C/S 体系采用两层架构，而 B/S 体系通常采用____层架构。

4．得到一个 URL 对象后，就可以通过它读取指定的互联网资源。这时我们将使用 URL 的方法____。

5．TCP/IP 套接字是最可靠的双向流协议。等待客户端的服务器使用____类，而要连接到服务器的客户端则使用 Socket 类。

6．统一资源定位符 URL 是指向互联网"资源"的指针，由____、主机域名和路径、文件名组成。

实验 8

一、实验目的

1．掌握 URLConnection 与 URL 的关系及编程方法。
2．理解网络流的概念。
3．掌握基于 TCP/IP 的 Socket/ServerSocket 编程方法。
4．掌握基于 UDP 的 DatagramSocket/DatagramPackage 编程方法。
5．掌握访问 WebService 的编程方法。

二、实验内容及步骤

访问上机实验网站（http://www.wustwzx.com/java），单击"8. Java 网络编程"的超链接，下载本实验内容的源代码并解压，得到文件夹 Java_ch08。

1．基于 TCP/IP 的 Socket 通信

（1）在 eclipse 中导入解压文件夹中的 Java 项目 Java_ch08。
（2）查看源程序 Ex8_1S.java 中 ServerSocket 对象的创建。
（3）查看处理监听到的数据流的代码。
（4）查看源程序 Ex8_1C.java 中 Socket 对象的创建及向服务端发送信息的代码。
（5）先运行服务器端程序，再运行客户端程序，查看控制台信息的输出。

2．基于 UDP 的 Socket 通信

（1）查看源程序 Ex8_2S.java 中 DatagramPacket 对象的创建。
（2）查看 DatagramSocket 对象的创建。
（3）查看 DatagramSocket 类方法 receive() 的参数类型。
（4）查看处理监听到的数据包的代码。
（5）查看源程序 Ex8_1C.java 中创建 DatagramPacket 对象的方法的参数及类型，并与服务器端创建 DatagramPacket 对象的方法进行比较。
（6）查看 DatagramSocket 对象的创建及发送数据报文包的方法。
（7）先运行服务器端程序，再运行客户端程序，查看控制台信息的输出。

3．多线程支持的多客户端

（1）打开包 chat_server 中的服务器端线程程序 ServerSock.java，分别查看重写方法 run() 和向所有客户发送消息的成员方法 out()。
（2）打开服务器端主窗体程序 ServerFrame.java，查看列表组件 JList 及相关类 DefaultListModel。

（3）查看在服务器端主窗体中创建服务器端线程的代码。

（4）查看线程类 ServerSockThread 向服务器端和所有客户端广播消息的代码。

（5）查看线程类 ServerSock 调用线程类 ServerSockThread 的代码。

（6）打开包 chat_client 中的对话框程序 UserDlg.java，查看获取客户端用户名的代码。

（7）打开线程类程序 ClientSock.java，查看构造方法中创建与服务器连接的代码，查看成员方法及重写方法的功能。

（8）打开客户端主窗体程序 Client Frame.java，查看对类 UserDlg 的调用。

（9）先运行服务器端程序，再多次运行客户端程序，体会多线程支持的多客户聊天功能。

4．基于 URL 和 URLConnection 的网络编程

（1）打开默认包（default）的程序 Ex8_4.java，查看使用类 URL 的构造方法创建对象的代码。

（2）查看类方法 openStream() 的返回值类型（输入字节流）。

（3）打开默认包的程序 Ex8_5.java，查看获取类 URLConnection 对象的代码。

（4）分别查看类 URLConnection 方法 getHeaderFields() 和方法 getInputStream() 的返回值类型。

（5）分别运行上面两个程序，观察运行结果。

5．Java WebService

（1）导入解压文件夹中的 Java Web 服务器端项目 WS_Server。

（2）查看接口文件 IWeatherService.java 及实现类文件 WeatherServiceImp.java 的代码。

（3）查看服务测试类文件 ServerTest.java 的定义。

（4）导入解压文件夹中的 Java Web 客户端项目 WS_Client。

（5）打开客户端测试类 ClientTest.java，查看对自动生成的类 WeatherServiceImp Service 的调用。

（6）先运行服务器端程序，再运行客户端程序，查看运行结果。

（7）按照例 8.4.1 的步骤，自动创建 Web 服务器端及客户端，并做运行测试。

（8）导入解压文件夹中的 Java 项目 Phone_Client。

（9）查看测试类 TestPhone_WSClien.java 使用 WebService 的代码，并做运行测试。

三、实验小结及思考

（由学生填写，重点填写上机实验中遇到的问题。）

第9章

JDBC 编程

MySQL 数据库是目前深受开发者喜爱的关系型数据库服务器软件，具有体积小、速度快和易于使用等特点。JDBC 由基于 Java 语言的通用 JDBC API 和数据库专用 JDBC 驱动程序组成。Java 中的 java.sql 包提供了访问数据库的连接接口、命令接口和结果集接口等。本章学习要点如下：

- 掌握 MySQL 的特点、安装及基本使用；
- 掌握 MySQL 的前端软件 SQLyog 的使用；
- 掌握 JDBC 驱动包的作用；
- 掌握使用 JDBC 访问 MySQL 数据库的一般步骤；
- 掌握使用 PreparedStatement 接口封装数据库访问通用类的方法；
- 掌握 JDBC 编程的高级技巧。

9.1 MySQL 数据库

MySQL 是由瑞典 MySQL AB 公司开发的一个小型关系数据库管理系统。因其具有体积小、速度快、开放源码和低成本等特点，MySQL 数据库技术已被广泛应用于全球各大网站，包括谷歌、脸书（Facebook）、百度等。2008 年，Sun 公司以 10 亿美元价格收购 MySQL AB 公司。

9.1.1 关系型数据库与 SQL 语言

结构化查询语言（Structured Query Language，SQL）是关系型数据库管理系统的标准语言，用于存取数据及查询、更新和管理关系数据库系统。SQL 包括数据定义语言（DDL）、数据操作语言（DML）、数据控制语言（DCL）。

DDL 用于定义和管理 SQL 数据库中的所有对象，如表的创建、结构修改和表删除等。

DML 是处理数据等操作的语言，包括插入记录命令（insert）、删除记录命令（delete）、修改记录命令（update）和查询命令（select）。业界将数据处理操作简称为换 CRUD，分别表示增加（Create）、读取查询（Retrieve）、更新（Update）和删除（Delete）。

DCL 用来授予或回收访问数据库的某种特权，并控制数据库操纵事务发生的时间及效果，对数据库实行监视等。其中，事务处理将多条 SQL 语句作为一个整体，其中任何一条 SQL 语句的失败，将导致事务的回滚（即撤销前面已执行的 SQL 语句），详见9.3.2 节。

数据库不仅定义了存储信息的结构，还记录数据。因此，DDL 和 DML 是 SQL 的主要部分。使用 SQL 命令的一个示例代码如下：

```
create table student(stu_no char(3) primary key,stu_name char(6))   //创建表、设置主键
alter table student add stu_age int   //修改表结构，增加一个 int 类型字段
insert table value("001","Marry",19)   //向表插入一条记录
```

注意：SQL 语句作为数据库访问程序中某个方法的参数。

关系型数据库通常包含一个或多个表。一个表由若干条（行）记录组成，每条记录由若干相同结构的字段值组成。

数据库的完整性体现在以下三个方面：

● 通过设置字段的有效性规则来保证域完整性。例如，学生表的成绩字段取值应在0～100 之间（假定使用百分制），当违反了字段的这种约束时，系统自动出现警告信息。

● 通过设置主键来保证实体完整性。例如，学生表的学号，不应该出现重复。当增加记录时，如果出现了相同的学号，则系统自动出现警告信息。

● 通过定义"一对多"和"一对一"关系来保证有关联表之间的参照完整性。例如，成绩表里不应该出现学生表里没有的学号，也不应该出现课程字典表里没有的课程号。当违反了这种参照关系时，系统自动出现警告信息。

通过使用 SQL 命令 select，可以向 MySQL 数据库服务器查询具体的信息，得到返回的结果集。对数据库的增加、删除和修改分别使用 insert、delete 和 update 命令，它们的返回值类型可以是 boolean（表示是否成功）或 int（表示影响的记录行数）。

目前的数据库软件都支持连接查询，为了避免数据冗余，保证数据的有效性，在设计数据库表结构时，应遵循第二、第三范式。第二范式要求任何一个非主属性对主属性是完全依赖的，第三范式是指属性之间不应存在依赖的传递。

注意：

（1）广义的 SQL 查询包括 CRUD 四种操作。

（2）结果集是查询数据库得到并存放在内存中的结果数据。

（3）第一范式是指表的每一个属性值是不可再分的，这是容易满足的。

（4）学生表和课程表分别使用学号和课程号作为主键，它们是单字段主键；而成绩表则以学号和课程号的组合作为主键（即联合主键），以保证同一人的同一课程不会出现两个成绩。

（5）坚持第二、第三范式，就是要求创建表时字段要精简。例如，姓名和课程名不应出现在成绩表里，而应根据多表连接查询而得到。

9.1.2 MySQL 服务器软件安装与基本使用

MySQL 是一种关系型数据库软件。在本书配套教学网站的 Java EE 课程下载专区里有 MySQL 数据库服务器软件的下载链接。在安装 MySQL 的过程中，需要注意如下几点：

- MySQL 服务器的通信端口默认值是 3306，当不能正常安装时，一般是端口被占用造成的（如已经安装了 WAMP 软件时），此时需要回退并重设端口（如改为 3308）。
- 字符编码（character set）一般设置为 utf-8。
- 设定 root 用户的密码，在后续编程中也会使用。

注意：本书中的案例设定 MySQL 服务器密码与用户名一致，都是 root。

MySQL 安装成功的界面如图 9.1.1 所示。

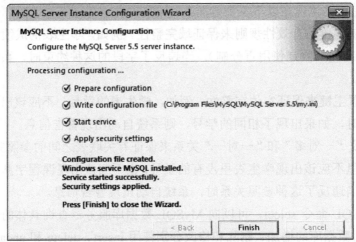

图 9.1.1　MySQL 安装成功的界面

MySQL 安装完成后，系统提供了客户端程序，不过它是命令行方式。使用菜单"开始"→MySQL Command Line Client 运行时，要求输入 root 用户的登录密码。登录成功后的界面如图 9.1.2 所示。

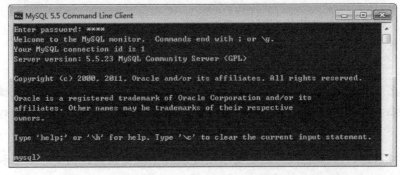

图 9.1.2　使用 MySQL 的命令行方式登录成功的界面

注意：数据库服务器软件有多种，除 MySQL 外，还有 SQL Server、Oracle 等。

在 MySQL 命令行方式下，几个简单的命令用法如表 9.1.1 所示。

表 9.1.1　简单的 MySQL 命令

命 令 格 式	功　　能	备　　注
show databases;	显示所有数据库	
use 库名;	打开指定的数据库	
show tables;	显示数据库里的所有表	每条命令以英文分号结束 当输入命令有误时，需要输入";"并回车来取消 输入命令 exit 或 quit，将退出命令行界面
show columns from 表名;	显示表结构	
select * from 表名;	查询表的所有记录	
create database 库名	创建一个新数据库	

9.1.3　MySQL 前端工具 SQLyog

在 MySQL 命令行方式下操作数据库，需要操作者牢记许多命令及其使用格式，通常容易出错。SQLyog 提供了极好的图形用户界面（GUI）用来快速地创建、组织、存取 MySQL 数据库，并且提供了对数据库的导入和导出功能。

注意：

（1）类似的软件有很多，如 MySQL Front 和 Navicat 等。

（2）本书配套教学网站的 Java EE 课程下载专区里提供了 SQLyog 软件的下载链接。

初次使用 SQLyog 时，首先需要进行用户注册。然后，单击 New 按钮，填写连接 MySQL 服务器的名称，再填写登录的用户名及安装时设定的用户密码，如图 9.1.3 所示。

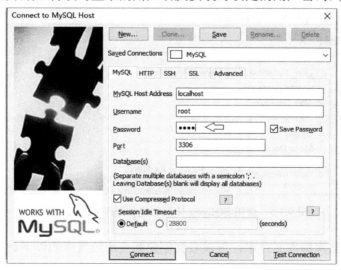

图 9.1.3　创建 MySQL 连接

创建 MySQL 数据库和执行外部的 SQL 脚本文件，可使用服务器的右键快捷菜单中的命令，如图 9.1.4 所示。

图 9.1.4　使用 SQLyog 创建数据库或执行外部 SQL 脚本文件

注意：

（1）创建数据库时，一个重要的设置是指定存储字符的编码，一般设置为 utf-8。

（2）执行 SQL 脚本时，如果存在同名的数据库，则原来的数据库将被覆盖。

项目移植时，需要导出数据库的 SQL 脚本。导出某个数据库的 SQL 脚本的方法是对某个数据库应用右键快捷菜单命令，如图 9.1.5 所示。

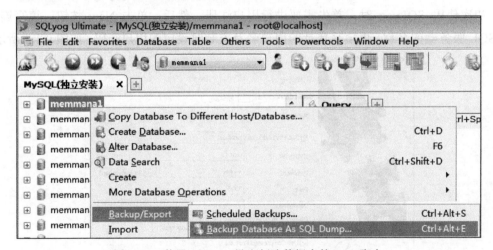

图 9.1.5　使用 SQLyog 导出创建数据库的 SQL 脚本

在导出的数据库脚本文件中，可以看到创建和使用数据库的以下命令代码：

```
CREATE DATABASE 'memmana1'    DEFAULT CHARACTER SET utf-8;
USE 'memmana1';
```

9.2　使用 JDBC 访问 MySQL 数据库

9.2.1　JDBC 概述

JDBC（Java DataBase Connectivity，Java 数据库连接）由基于 Java 语言的通用 JDBC API 和由数据库管理系统厂家或第三方提供的数据库专用 JDBC 驱动程序（Driver）两部分构成，如图 9.2.1 所示。

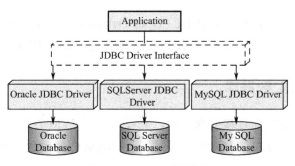

图 9.2.1　JDBC 的组成

Java 语言的 java.sql 包提供了用于访问数据库时执行 SQL 命令的一组通用接口，如图 9.2.2 所示。

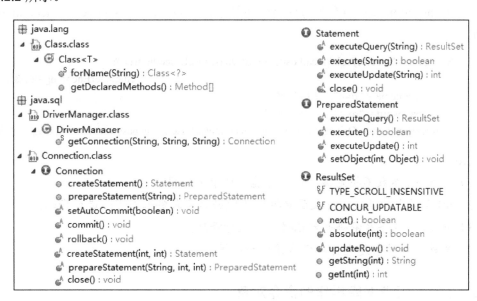

图 9.2.2　Java 关于 JDBC 的 API

JDBC 中的 Java API 由一组用 Java 语言编写的类和接口组成，为多种关系数据库提供统一的访问接口，使数据库开发人员能方便地编写数据库应用程序。

JDBC 驱动程序提供了针对某种数据库的专用接口，将 Java 数据库程序映射成为底层数据库能够理解的命令。

在实际数据库编程中，每次编写代码所遇到的数据库都是不同的，对应的数据库操作代码结构也不相同，但是对于 JDBC 数据库编程来说，其基本的编程过程是一样的，都包含以下 4 个基本步骤：

（1）注册数据库驱动程序，建立数据库连接；

（2）根据连接对象，创建数据库操作的代理对象（也称命令对象）；

（3）使用命令对象，进行数据库的 CRUD 操作；

（4）关闭数据库连接资源。

注意：JDBC 的结构与微软的 ODBC（Open DataBase Connectivity）相差很多，ODBC 是基于 C 语言和指针的，而 JDBC 是基于 Java 语言的，因此 JDBC 程序的移植性更好。

9.2.2 连接 MySQL 数据库

在创建 MySQL 数据库连接对象之前，需要先使用 JVM 注册 JDBC 驱动程序，即将 MySQL 驱动程序类装入 JVM。为此，需要下载 MySQL 驱动包并构建路径（BuildPath）到项目。

使用 java.lang.Class 的静态方法 forName() 注册 MySQL 驱动的代码如下：

```
Class.forName("com.mysql.jdbc.Driver");   //注册 MySQL 驱动
```

创建 Connection 接口对象的方法是使用静态方法 DriverManager.getConnection()，其代码如下：

```
String url = "jdbc:mysql://localhost:3306/database?useUnicode=true&
                                                    characterEncoding=utf-8";
String username = "root";   //用户名
String password = "root";   //用户密码
Connection conn = DriverManager.getConnection(url,username,password);   //创建连接对象
```

注意：

（1）如果 url 参数不指定编码，则可能出现中文乱码。

（2）url 参数中的 database 表示要操作的数据库名需要根据实际进行修改。

（3）MySQL 服务器密码也要根据实际进行修改。

（4）创建连接对象是进行数据库操作的前提。

9.2.3 创建执行数据库操作的命令对象

对 Connection 接口类型的对象应用方法 createStatement() 时，将得到 Statement 接口类型的对象；而应用方法 prepareStatement() 时，将得到 PreparedStatement 接口类型的对象。

注意：通过 Statement 对象执行 SQL 命令时，不能包含占位参数；而 PreparedStatement 对象执行的 SQL 命令可包含占位参数，详见 9.2.6 节。

9.2.4　增、删、改操作

对数据库表进行增加、修改、删除（以下简称增删改）操作时，需要通过 Statement 对象进行。与前面的查询操作不同之处在于，增删改操作不会返回一个查询结果集 ResultSet，而是返回一个整数表示当前操作所影响的记录行数，所以增删改操作不能调用 executeQuery() 方法，而需要调用 executeUpdate() 方法，不要被方法名迷惑，误认为该方法只能执行 update 操作，实际上所有对数据库产生影响的操作都可以调用 executeUpdate() 方法，包括增加、删除、修改和 DDL 命令。

使用 Statement 接口对象执行增删改操作的用法如下：

（1）使用方法 execute("insert|update|delete 命令") 将返回 boolean 类型，表示插入/更新/删除是否成功；

（2）使用方法 executeUpdate("insert|update|delete 命令") 将返回 int 类型，表示插入/更新/删除的记录数。

注意：使用 PreparedStatement 对象实现对数据库的增删改操作，详见 9.2.6 节。

9.2.5　查询操作

9.2.4 节介绍了对数据的增删改操作，这些操作会对数据库记录产生影响，而查询不会影响数据库记录。

对命令对象应用查询方法 executeQuery("select 命令")，将得到 ResultSet 接口类型的对象（结果集）。

结果集对象有一个游标。最初，游标被置于第一行之前，next() 方法将游标移动到下一行。当 ResultSet 对象没有下一行时将返回 false，因此，可以在 while 循环中使用该方法来遍历整个结果集。默认情况下，ResultSet 的游标只能向下一行单向移动。

注意：如果希望游标在结果集上前后移动，详见 9.3.1 节。

ResultSet 提供了 getString()、getInt() 和 getObject() 等方法，其参数为数据表字段，返回值类型与对应的字段值类型相同。

注意：使用 PreparedStatement 对象实现对数据库的查询操作，详见 9.2.6 节。

【例 9.2.1】Java JDBC CRUD 测试类。

程序代码如下：

```
import java.sql.*;
import org.junit.Test;
public class TestJDBC_CRUD {
    static private Connection conn = null;    //连接对象
```

```
static private Statement stm=null;    //命令对象
static ResultSet rs=null;        //结果集对象
static {   //静态代码块-初始-创建对象
    try {
        Class.forName("com.mysql.jdbc.Driver");   //  注册 MySQL 驱动
        String url = "jdbc:mysql://localhost:3306/memmana? useUnicode=
                                    true&characterEncoding=utf-8";
        String username = "root";   //用户名
        String password = "root";   //用户密码
        conn = DriverManager.getConnection(url,username,password);
        stm=conn.createStatement();
    } catch (Exception e) {
        e.printStackTrace();
    }
}


@Test
public void testQuery() {   //测试查询
    try {
        rs = stm.executeQuery("select * from user");
        while(rs.next()) {
            System.out.println(rs.getString("username")+
                                rs.getString("realname")+rs.getInt("age"));
        }
    } catch (SQLException e) {
        e.printStackTrace();
    }
}


@Test
public void testInsert() { //测试插入，重复执行时会因违反实体完整性规则而报错
    try {
        int js = stm. executeUpdate ("insert into user(username, password,realname,
                                    age) values('Java','Java','Java',30)");
        System.out.println(js+"条记录被插入！ ");
        testQuery();
    } catch (SQLException e) {
        e.printStackTrace();
    }
}
//运行一次后，在数据库里查验或重新运行查询方法


@Test
public void testUpdate() {   //测试修改
    try {
        int js = stm.executeUpdate("update user
```

```
                                          set realname='伽瓦' where username='Java'");
                System.out.println(js+"条记录被更新！");
                testQuery();
            } catch (SQLException e) {
                e.printStackTrace();
            }
        }
    }
    //运行一次后，在数据库里查验或重新运行查询方法

    @Test
    public void testDelete() {    //测试删除
        try {
            int js = stm.executeUpdate("delete from user where username='Java'");
            System.out.println(js+"条记录被删除！");
            testQuery();
        } catch (SQLException e) {
            e.printStackTrace();
        }
    }
    //运行一次后，在数据库里查验或重新运行查询方法
}
```

依次对查询方法 testQuery()、插入方法 testInsert()、修改方法 testUpdate() 和删除方法 testDelete() 做单元测试后，控制台的输出结果如图 9.2.3 所示。

```
                    1条记录被插入！      1条记录被更新！
                    JavaJava30           Java伽瓦30          1条记录被删除！
lisi李四35          lisi李四35           lisi李四35          lisi李四35
wangwu王五25        wangwu王五25         wangwu王五25        wangwu王五25
zhangsan张三50      zhangsan张三50       zhangsan张三50      zhangsan张三50
```

图 9.2.3 CRUD 的测试结果

9.2.6 使用预处理封装 MySQL 通用类

从图 9.2.2 可见，对连接对象应用 prepareStatement() 方法可获得 PreparedStatement 接口类型的对象。PreparedStatement 接口是 Statement 的子接口，它们具有不同的执行效率和用法。

使用 Statement 类型的命令对象对数据库操作时，每次都会重新对 SQL 语句编译再执行，而 PreparedStatement 是预编译型，且允许建立带有占位参数（使用问号 "?" 表示）的 SQL 语句。若命令结构相同而仅仅是参数不同，则每次为参数赋值都可以反复使用这条语句，这种特性可以提高执行效率和程序的灵活性。

实际开发中，SQL 命令中的某些参数可能来源于运行时用户的输入，使用 Prepared-Statement 接口类型的对象，就可以不必拼接复杂的 SQL 语句，实参通过使用 Prepared-

Statement 接口 setObject(int,Object) 方法来注入。其中，第一个参数为占位符的序号，从 1 开始计数。这种编程方式称为参数式查询。

在开发含有数据库访问的程序时，为了实现代码的重用性和通用性，通常的做法是把访问数据库的代码封装在某个类里。数据库访问类封装的实现要点如下：

（1）将得到连接对象的代码封装在构造方法或静态代码块中；

（2）设计一个静态方法 getMyDb() 获得该类的实例对象，进而调用类的 CRUD 方法或直接将 CRUD 方法定义为 static 类型；

（3）使用 PreparedStatement 接口 setObject(int,Object) 方法对 SQL 命令中的占位参数赋值，并通过 Java 可变数组获取参数个数。

【例 9.2.2】Java 访问 MySQL 的通用类设计。

本类设计的思想是：在类的构造方法里创建静态的数据库连接对象 conn，通过类的静态方法 getMyDb() 获取静态成员对象 mydb，进而调用成员方法 query() 和 cud()，如图 9.2.4 所示。

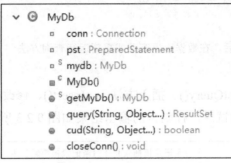

图 9.2.4　MyDb 类设计图

使用 JDBC 方式访问 MySQL 的通用类文件 MyDB.java 的代码如下：

```java
package dao;
import java.sql.*;
public class MyDb {
    private Connection conn = null;
    private PreparedStatement pst = null;    //参数式查询必需
    private static MyDb mydb = null;
    private MyDb() throws Exception {     //私有的构造方法，外部不能创建实例
        Class.forName("com.mysql.jdbc.Driver");
        String url = "jdbc:mysql://localhost:3306/memmana? useUnicode=
                                    true&characterEncoding=utf-8";
        String username = "root";    //用户名
        String password = "root";    //密码
        conn = DriverManager.getConnection(url, username, password);
    }
    public static MyDb getMyDb() throws Exception{
        if(mydb==null)      //单例
            mydb=new MyDb();    //单例模式避免了对数据库服务器的重复连接
```

```
            return    mydb;
        }
        // 查询方法
        public ResultSet query(String sql, Object... args) throws Exception {
            // SQL 命令中含有通配符，可变参数可以传递离散或数组两种方式的参数
            // 没有占位参数时，不必写重载方法
            pst = conn.prepareStatement(sql);
            for (int i = 0; i < args.length; i++) {
                pst.setObject(i + 1, args[i]);
            }
            return pst.executeQuery();
        }
        //增加_c，修改_u，删除_d
        public boolean cud(String sql, Object... args) throws Exception {
            pst = conn.prepareStatement(sql);
            for (int i = 0; i < args.length; i++) {
                pst.setObject(i + 1, args[i]);
            }
            //返回操作查询是否成功
            return pst.executeUpdate() >= 1 ? true : false;
        }
        public void closeConn() throws Exception { //关闭数据库访问方法
            if (pst != null && !pst.isClosed())
                pst.close();
            if (conn != null && !conn.isClosed())
                conn.close();
        }
        public void closeConn() throws Exception{    //关闭数据库访问方法
            if(pst != null && !pst.isClosed())
                pst.close();
            if(conn!=null && !conn.isClosed())
                conn.close();
        }
    }
```

注意：

（1）对数据库的查询可分为选择查询和操作查询，分别对应于方法 query() 和 cud()。

（2）方法的第二个参数是可变长参数，调用时实参数个数应与通配符个数相等。

（3）可变长实参数可以传递离散或数组两种方式的参数。

（4）类方法的第一个参数的 SQL 命令中可以不包含任何占位符。

测试通用类 MyDb 的一个测试类文件 TestMyDb.java 的代码如下：

```
    import java.sql.ResultSet;
    import org.junit.Test;
    public class TestMyDb {
        @Test
```

```
public void tt1() throws Exception{   //查询年龄>=30
    ResultSet rs = MyDb.getMyDb().query("select * from user where age >=?",30);
    //ResultSet rs = MyDb.getMyDb().query("select * from User where age >= ?",
                                                                new Object[]{30});
    int recNum=0;
    while(rs.next()){
        recNum++;System.out.print(recNum+":");
        System.out.println(rs.getString("username")+" "+rs.getInt("age"));
    }
}
@Test
public void tt2() throws Exception{   //查询所有
    ResultSet rs = MyDb.getMyDb().query("select * from user");
    int recNum=0;
    while(rs.next()){
        recNum++;System.out.print(recNum+":");
        System.out.println(rs.getString("username")+" "+rs.getInt("age"));
    }
}
@Test
public void testInsert(){   //插入记录
    try {
        boolean insert = MyDb.getMyDb().cud("insert into user(username, password)
                                                values(?,?)", "cr", "789");
        System.out.println(insert);
    } catch (Exception e) {
        e.printStackTrace();
    }
}
}
```

【例 9.2.3】另一种方式封装的 Java 访问 MySQL 的通用类设计。

本类设计的思想是：在静态代码块创建静态的数据库连接对象 conn，再直接设计两个静态成员方法 query() 和 cud()，如图 9.2.5 所示。

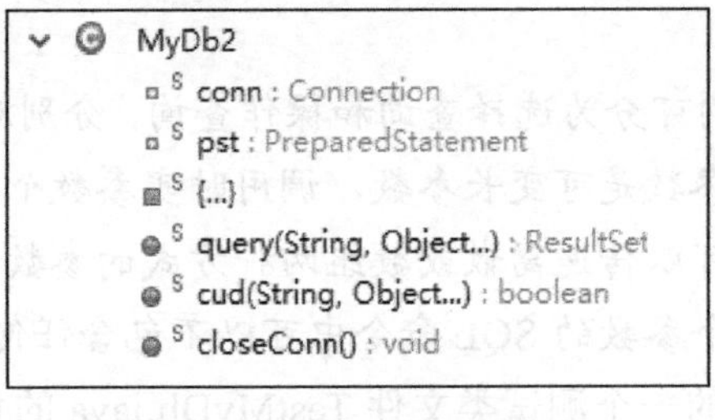

图 9.2.5　MyDb2 类设计图

类文件 MbDb2.java 的代码如下：

```
import java.sql.Connection;
import java.sql.DriverManager;
```

```java
import java.sql.PreparedStatement;
import java.sql.ResultSet;
import java.sql.SQLException;

public class MyDb2 { //类定义
    private static Connection conn = null; //
    private static PreparedStatement pst = null;
    static {
        try {    //静态代码块
            Class.forName("com.mysql.jdbc.Driver");
            String url = "jdbc:mysql://localhost:3306/memmana?
                                            useUnicode=true&characterEncoding=utf-8";
            String username = "root";
            String password = "root";
            conn = DriverManager.getConnection(url, username, password);
        } catch (ClassNotFoundException e) {
            e.printStackTrace();
        } catch (SQLException e) {
            e.printStackTrace();
        }
    }
    public static ResultSet query(String sql, Object... args) throws Exception {
        // SQL 命令中含有通配符，使用可变参数
        pst = conn.prepareStatement(sql);
        for (int i = 0; i < args.length; i++) {
            pst.setObject(i + 1, args[i]);
        }
        return pst.executeQuery();
    }
    //  增加_c, 修改_u, 删除_d
    public static boolean cud(String sql, Object... args) throws Exception {
        pst = conn.prepareStatement(sql);
        for (int i = 0; i < args.length; i++) {
            pst.setObject(i + 1, args[i]);
        }
        return pst.executeUpdate() >= 1 ? true : false;
    }
    public static void closeConn() throws Exception {
        if (pst != null && !pst.isClosed())
            pst.close();
        if (conn != null && !conn.isClosed())
            conn.close();
    }
}
```

9.3　JDBC 高级编程

9.3.1　可滚动结果集和可更新结果集

ResultSet 默认只能按顺序遍历结果集中的所有记录行，并且结果集中数据的更改不会影响数据库中的记录。如果希望在结果集上前后任意移动游标（即记录指针），并且可更新数据库中的记录，则需要对连接对象应用如下方法得到一个 PreparedStatement 对象：

```
PreparedStatement    pstmt =conn. prepareStatement (sql,
                ResultSet.TYPE_SCROLL_SENSITIVE, ResultSet.CONCUR_UPDATABLE);
```

其中，第一个参数在 sql 为 SQL 语句，后两个参数设定结果集的使用模式为可滚动和可更新。

注意：创建可滚动和可更新的结果集，也可使用 Statement 接口类型，创建其对象时参数个数为 2，需要相应地修改。

【例 9.3.1】创建可滚动和可更新的结果集。

本例使用 PreparedStatement 接口类型，创建其对象时包含 3 个参数，程序文件 ResultSetTest.java 的代码如下：

```java
import java.sql.Connection;
import java.sql.DriverManager;
import java.sql.PreparedStatement;
import java.sql.ResultSet;
import java.sql.SQLException;
import org.junit.Test;

public class ResultSetTest {
    private static Connection conn = null;
    private static PreparedStatement pstmt = null;
    private ResultSet rs = null;
    static { //静态代码块，获得连接对象
        try {
            Class.forName("com.mysql.jdbc.Driver");
            String url = "jdbc:mysql://localhost:3306/memmana?
                                    useUnicode=true&characterEncoding=utf-8";
            String username = "root";
            String password = "root";
            conn = DriverManager.getConnection(url, username, password);
        } catch (Exception e) {
            // TODO Auto-generated catch block
            e.printStackTrace();
        }
```

```java
    }
    @Test
    public void testScrollingAndUpdate() { //测试可滚动和可更新的结果集
        try {
            pstmt = conn.prepareStatement("select * from user",
                                        ResultSet.TYPE_SCROLL_SENSITIVE,
                                        ResultSet.CONCUR_UPDATABLE);
            rs = pstmt.executeQuery("select * from user");
            rs.last();  //游标定位到最后一行
            int i = rs.getRow();  //获得当前行编号，当前在最后一行
            System.out.println("总共查询到" + i + "条记录");
            System.out.println("当前记录号: "+i+
                                ", 更新本记录的 username 和 age 字段值");
            rs.updateString(1, "zhang");  //更新当前行的第 3 个字段
            rs.updateInt(5, 42);// 更新当前行的第 5 个字段
            rs.updateRow(); //将当前行上的更新发送到数据库中

            rs.absolute(1);  //绝对定位
            System.out.println("当前记录号：1，username 值为"+
                                        rs.getString("username"));
            rs.next();
            System.out.println("当前记录号：2，username 值为"+
                                        rs.getString("username"));
        } catch (SQLException e) {
            e.printStackTrace();
        } finally {
            close();
        }
    }
    @Test
    public void queryAll() { // 查询并显示记录
        try {
            pstmt = conn.prepareStatement("SELECT * FROM user");
            rs = pstmt.executeQuery();
            while (rs.next()) {
                for (int i = 1; i <= 5; i++) {
                    System.out.print(rs.getString(i) + "\t");
                }
                System.out.println();
            }
        } catch (SQLException e) {
            System.out.println("查询记录异常: " + e.getMessage());
        } finally {
            close();
        }
    }
```

```
private void close() { //关闭数据库连接
    try {
        if (rs != null) {
            rs.close();
        }
        if (pstmt != null) {
            pstmt.close();
        }
        if (conn != null) {
            conn.close();
        }
    } catch (SQLException e) {
        System.out.println("关闭连接异常:" + e.getMessage());
    }
}
```

对 testScrollingAndUpdate() 方法进行单元测试后，控制台的输出结果如图 9.3.1 所示。

```
总共查询到3条记录
当前记录号：3，更新本记录的username和age字段值
当前记录号：1，username值为lisi
当前记录号：2，username值为wangwu
```

图 9.3.1   可滚动和可更新的输出结果

对 queryAll() 方法进行单元测试后，控制台的输出结果表明第 3 条记录已成功更新，如图 9.3.2 所示。

```
lisi      222     李四    15500000001    35
wangwu    2121    王五    18971426728    25
zhang     123     张三    15300000001    42
```

图 9.3.2   查询数据表 user 的所有信息

9.3.2   使用数据库事务机制

事务是指用户定义的一个数据库操作序列，是 SQL 提供的一种机制。事务机制用于保证数据库的原子性、一致性、隔离性和可持续性（简称 ACID），其定义如下：

（1）原子性是指事务是一个完整的操作，事务包含的所有操作或者全部成功，或者全部失败并回滚；

（2）一致性是指当事务完成时，数据必须处于一致状态；

（3）隔离性是指对数据进行修改的所有并发事务是彼此隔离的；

（4）持久性是指事务完成后，它对于系统的影响是具有永久性的。

事务的思想是保证在多步操作中如果有任何一步失败，则将整个事务回滚，只有所有步骤都成功，这个事务才可以提交。

默认情况下，JDBC 提供对事务的支持，事务是自动提交的，即每次执行 executeUpdate() 语句，相关操作都会即时地保存到数据库中。

如果不想让这些 SQL 命令自动提交，可以在获得连接后，使用下面的语句关闭自动提交模式：

```
conn.setAutoCommit(false);
```

该操作使得在事务提交前所有更改为不持久更改，并在完成提交或回滚时释放此 Connection 对象当前持有的所有数据库锁。如果操作中出现异常，则调用下面的语句可以使事务回滚，该事务之前所做的改动将不会保存到数据库中：

```
conn.rollback();
```

注意：使用事务机制时，需要将操作代码块放入 try 代码块，再对连接对象应用方法 setAutoCommit(false)，最后对连接对象应用方法 comit() 来提交事务。

【例 9.3.2】数据库事务机制使用示例。

程序代码如下：

```
import java.sql.Connection;
import java.sql.DriverManager;
import java.sql.SQLException;
import java.sql.Statement;
public class testTransaction {
    public static void main(String[] args) {
        Connection conn = null;
        Statement stmt = null;
        String sql1 = "update user set password='222' where username='lisi'";
        // 表 user 中并无字段 pwd，应为 password
        String sql2 = "update user set pwd='777' where username='zhangsan'";
        try {
            Class.forName("org.gjt.mm.mysql.Driver");
            // Class.forName("com.mysql.jdbc.Driver");
            conn=DriverManager.getConnection("jdbc:mysql://localhost:3306/memmana
                                        ","root","root");
            conn.setAutoCommit(false); //事务来处理默认为自动提交
            stmt = conn.createStatement();
            stmt.execute(sql1);
            stmt.execute(sql2);
            conn.commit(); // 提交事务
            System.out.println("事务处理成功!");
        } catch (Exception e) {
            // e.printStackTrace();
            System.out.println("事务处理不成功!");
```

```
            try { //在 catch 子句里嵌套 try...catch 子句
                conn.rollback(); //回滚事务，撤销上面对事务的所有操作
            } catch (Exception e2) {
                e2.printStackTrace();
            }
        } finally {
            if (stmt != null) {
                try {
                    stmt.close();
                } catch (SQLException e) {
                    // TODO Auto-generated catch block
                    e.printStackTrace();
                }
            }
            if (conn != null) {
                try {
                    conn.close();
                } catch (SQLException e) {
                    // TODO Auto-generated catch block
                    e.printStackTrace();
                }
            }
        }
    }
}
```

运行该程序时，事务不能正常执行，两条 SQL 命令均未成功执行，找到错误后，将第 2 条 SQL 命令的 pwd 修改为 password 再运行，事务才能正常执行。如果设置 conn.setAutoCommit(true)，将执行第 1 条 SQL 命令而不执行第 2 条 SQL 命令，此时会破坏事务的原子性。

9.3.3 数据库应用程序代码分层架构

在项目开发中，根据代码所起的作用可以分为界面显示代码、业务处理代码、逻辑控制代码、数据访问代码、数据传输代码等。实践经验表明，将这些代码封装到各自独立的类文件中可以提高系统的可维护性，并且增加代码的可重用性。

为了实现数据库应用程序代码的分层架构，通常需要创建一些数据库访问对象（Data Access Object，DAO），如实体类、数据库访问工具类、创建接口及其实现类的对象。

注意：使用代码分层后，数据库访问作为一个独立层，通常称为 DAO 层。对于调用 DAO 层的上层代码来说，数据库的操作是不可见的。

【例 9.3.3】使用 DAO 模式实现数据库访问程序分层架构的示例。

本例中，MyDb.java 是例 9.2.2 中创建的数据库访问的通用类，User.java 是实体类，UserDao.java 是对应于表 user 的接口，UserDaoImp.java 是接口的实现类，UserDaoTest.java

是测试类。

DAO 层的详细设计如图 9.3.3 所示。

图 9.3.3　使用 DAO 模式完成的项目文件系统

（1）定义 User 实体类，代码如下：

```java
public class User {
    private String username=null;
    private String password=null;
    private String realname=null;
    private String mobile =null;
    private int age=0;
    public String getUsername() {
        return username;
    }
    public void setUsername(String username) {
        this.username = username;
    }
    public String getPassword() {
        return password;
    }
    public void setPassword(String password) {
        this.password = password;
    }
    public String getRealname() {
        return realname;
    }
    public void setRealname(String realname) {
        this.realname = realname;
    }
    public String getMobile() {
        return mobile;
```

```
        }
        public void setMobile(String mobile) {
            this.mobile = mobile;
        }
        public int getAge() {
            return age;
        }
        public void setAge(int age) {
            this.age = age;
        }
        //选中实体类属性-->右键，选择 Source-->Generate toString()，即可自动生成
        @Override
        public String toString() {
            return "User [username=" + username + ", password=" + password + ", realname="
                            + realname + ", mobile=" + mobile+ ", age=" + age + "]";
        }
    }
```

（2）定义数据库表 user 对应的查询接口 UserDao.java，代码如下：

```
    import java.sql.ResultSet;
    public interface UserDao {
        public ResultSet getAllUser();    //获取所有用户
        public User getUser(String username);    //根据用户名获取用户信息
        public boolean addUser(User user);    //增加一个用户
    }
```

（3）定义 UserDao 接口的实现类 UserDaoImp，调用数据库封装类，文件 UserDaoImp.java 的代码如下：

```
    import java.sql.ResultSet;
    public class UserDaoImp implements UserDao {    //实现类
        @Override
        public ResultSet getAllUser() {    //重写接口方法
            try {
                return MyDb.getMyDb().query("select * from user");
            } catch (Exception e) {
                e.printStackTrace();
            }
            return null;
        }
        @Override
        public User getUser(String un) {    //重写接口方法
            try {
                ResultSet rs = MyDb.getMyDb().query("select * from user
                                                    where username=?", un);
                if(rs.next()) {
                    //封装
```

```
                    User user=new User();
                    user.setUsername(un);
                    user.setPassword(rs.getString("password"));
                    user.setRealname(rs.getString("realname"));
                    user.setMobile(rs.getString("mobile"));
                    user.setAge(rs.getInt("age"));
                    return user;
                }
        } catch (Exception e) {
                e.printStackTrace();
        }
        return null;
    }
    @Override
    public boolean addUser(User user) {    //重写接口方法
        //由读者参照完成
        return false;
    }
}
```

（4）编写测试 UserDao 接口的测试类 UserDaoTest，文件 UserDaoTest.java 的代码如下：

```
import java.sql.ResultSet;
import java.sql.SQLException;
import org.junit.Test;
public class UserDaoTest {
    @Test
    public void test1() {    //输出指定用户信息测试
        UserDao userDao=new UserDaoImp(); //创建对象，向上转型
        System.out.println(userDao.getUser("Zhangsan")); //调用接口方法
    }
    @Test
    public void test2() {    //输出所有用户信息测试
        UserDao userDao=new UserDaoImp();
        ResultSet rs = userDao.getAllUser();
        try {
            while (rs.next()) {
                User user=new User();
                user.setUsername(rs.getString("username"));
                user.setPassword(rs.getString("password"));
                user.setRealname(rs.getString("realname"));
                user.setMobile(rs.getString("mobile"));
                user.setAge(rs.getInt("age"));
                System.out.println(user.toString());
            }
        } catch (SQLException e) {
```

```
            e.printStackTrace();
        }
    }
    @Test
    public void test3() {    //增加用户测试
    //由读者参照完成
    }
```

选中类名 UserDaoTest，在右键快捷菜单中执行命令 Run AS→JUnit Test，将依次测试类中的所有方法，控制台的输出结果如图 9.3.4 所示。

```
User [username=Zhangsan, password=123, realname=张三, mobile=15300000001, age=50]

User [username=lisi, password=222, realname=李四, mobile=15500000001, age=35]
User [username=wangwu, password=2121, realname=王五, mobile=18971426728, age=25]
User [username=zhangsan, password=123, realname=张三, mobile=15300000001, age=50]
```

图 9.3.4　测试类的结果

习题 9

一、判断题

1．安装 MySQL 后，MySQL 服务器将在后台自动运行。

2．访问数据库的 Java 项目，必须加载数据库厂商提供的驱动包。

3．PreparedStatement 接口是 Statement 的子接口。

4．只能通过 PreparedStatement 对象创建可滚动、可更新的结果集。

5．DAO 便于实现数据库访问代码分层。

二、选择题

1．对数据库进行 CRUD 操作中的"R"，对应于____SQL 命令。

  A．select   B．insert   C．delete   D．update

2．安装 MySQL 服务器软件时，默认使用的端口是____。

  A．80   B．8080   C．3306   D．3308

3．以下____不是 JDBC 用到的接口和类。

  A．Statement   B．Class   C．Connection D．ResultSet

4．下列应用于可滚动结果集的方法中，返回值不是 boolean 型的是____。

  A．absolute()   B．last()   C．fist()   D．getRow()

5．JDBC 中回滚事务是使用 Connection 接口的____方法。

  A．commit()   B．rollback()   C．close()   D．setAutoCommit()

三、填空题

1．退出 MySQL 命令行方式使用的命令是____。

2．对数据库的操作是通过执行____命令实现的。

3．结构化查询语言 SQL 包括 DDL、____和 DCL 三个部分。

4．MySQL 前端软件（如 SQLyog）提供了____界面来操作数据库。

5．为了保证数据库中实体（记录）的完整性，创建表时应设置____。

6．Connection 接口的 prepareStatement() 方法的返回值类型为____。

7．使用 JDBC 提供____接口类型的对象才能实现对数据库的参数式查询。

8．修改可更新结果集的当前记录的方法是____。

实验 9

一、实验目的

1. 掌握使用 JDBC 访问 MySQL 数据库的原生用法。
2. 掌握用 JDBC 访问 MySQL 数据库的 Maven 项目及通用类设计。
3. 掌握创建可滚动和可更新的记录的方法。
4. 掌握 JDBC 中的事务处理机制。
5. 掌握数据库访问程序的分层架构。

二、实验内容及步骤

访问上机实验网站（http://www.wustwzx.com/java），单击"9. JDBC 编程"的超链接，下载本实验内容所需的项目压缩包并解压，得到文件夹 Java_ch09。

1. 使用 JDBC 访问 MySQL 数据库的原生用法（Java 项目）

（1）在 eclipse 中导入解压文件夹中的 Java 项目 Java_ch09。

（2）查验项目引用了系统库 JUnit 4，并做移除和添加实验。

（3）查验项目参考库包含了 JDBC 驱动 jar 包，并做移除和添加实验。

（4）使用 MySQL 前端软件 SQLyog，执行项目根目录下的 SQL 脚本 memmana.sql 自动创建 MySQL 数据库 memmana，查验表 user 中包含 3 条记录。

（5）打开测试类文件 TestJDBC_CRUD.java，以单元测试方式运行查询方法 testQuery()，观察控制台的输出结果（3 条记录）。

（6）以单元测试方式运行插入方法 testInsert() 后再运行 testQuery() 方法，查看控制台输出。验证再次运行 testInsert() 方法时，控制台出错，思考其原因（主键约束）。

（7）以单元测试方式运行修改方法 testUpdate() 后再运行 testQuery() 方法，查看控制台输出。

（8）以单元测试方式运行修改方法 testDelete() 后再运行 testQuery() 方法，查看控制台输出。

2. 创建 JDBC 访问 MySQL 数据库的 Maven 项目及通用类设计

（1）在 eclipse 中导入解压文件夹中的 Java 项目 Java_ch09_maven。

（2）查验 pom.xml，Maven 通过设置包依赖将 jar 包导入 Maven Dependencies，与直接从外部下载并导入包相比，使用 Maven 更加方便快捷。

（3）查验程序 MyDb2.java 中的数据库连接代码写在静态块中，因为静态块在实例化之前已执行，保证先进行了与数据库服务器的连接。

（4）MyDd2.java 与 MyDb.java 不同，可以直接通过类名 MyDd2 访问该类的静态方法。其构造方法是对外开放的，可以直接访问类中方法。

（5）验证程序 TestMyDb.java 中的@Test，JUnit 通过 test 标识来测试方法是否正确，观察 JUnit 的输出，绿色代表该类测试结果为正确。

3．创建可滚动和可更新的记录

（1）在程序 ResultSetTest.java 中，查看创建连接对象的静态代码块。

（2）查看 prepareStatement() 方法中设定为可滚动及可更新的结果集的参数。

（3）查看改变 ResultSet 中游标位置和更新记录的相关方法。

（4）依次运行程序中的两个测试方法，查看控制台输出。

4．JDBC 中的事务处理机制

（1）打开程序文件 Transaction.java，查看设定事务提交的方式（为 false）。

（2）查验第 1 条 SQL 命令正确、第 2 条 SQL 命令有误。

（3）查看事务回滚 rollback() 方法的使用情形。

（4）运行程序，观察控制台输出并查验数据记录（未修改）。

（5）设定事务提交的方式为 true，再次运行程序，查验第 1 条 SQL 命令已执行，执行第 2 条 SQL 命令时出现异常。

5．数据库访问程序的分层架构

（1）打开文件 User.java，查看对应于表 user 的实体类 User 的定义。

（2）查看对应于表 user 的接口文件 UserDao.java 的代码。

（3）查看接口实现类文件 UserDaoImp.java 中的各个实现方法的代码。

（4）查看测试类文件 UserDaoTest.java 中定义的两个单元测试方法。

（5）依次运行两个单元测试方法，观察控制台输出。

三、实验小结及思考

（由学生填写，重点填写使用 Maven 的好处和上机实验中遇到的问题。）

第 10 章

综合项目实训

要想熟练掌握和灵活运用前面各章介绍的 Java 的基础知识，项目实训是不错的选择。本章通过两个实际的 Java 项目实训来达到综合运用 Java 知识的目的，学习要点如下：

● 掌握项目从需求分析到具体实现的过程；
● 掌握打坦克游戏的实现方法；
● 掌握简易的人事管理信息系统的实现方法。

10.1　打坦克游戏

10.1.1　游戏规则及界面设计

操作者可以通过按 "W"、"S"、"A" 和 "D" 键来操控我方坦克（图 10.1.1 所示界面下方的一个）的行驶方向（分别为向上行驶、向下行驶、向左行驶和向右行驶），按 "J" 键向敌方坦克（图 10.1.1 所示界面上方的三个）发出炮弹，当炮弹击中敌方坦克时，敌方坦克爆炸后消失。

图 10.1.1　游戏主界面

10.1.2　项目文件系统

项目由 1 个程序文件 TankGame.java 和 3 个 GIF 文件组成。其中，程序文件 TankGame.

java 包含了 7 个类，3 个 GIF 文件用于实现爆炸的动画效果。

程序文件 TankGame.java 所包含的类的定义如图 10.1.2 所示。

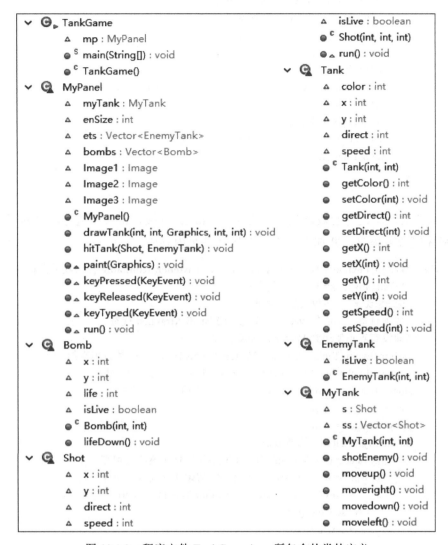

图 10.1.2　程序文件 TankGame.java 所包含的类的定义

10.1.3　项目实现主要代码

项目主类 TankGame 继承 JFrame 类，调用自定义的容器类 MyPanel，该类同时实现了 KeyListener 接口和 Runnable 接口。

主类 TankGame 的代码如下：

```
public class TankGame extends JFrame {
    MyPanel mp = null;   //类属性：JPanel 对象
    public static void main(String[] args) {
        new TankGame();
```

```
    }
    public TankGame() {  //构造方法
        mp = new MyPanel();   //创建对象
        add(mp);  //添加至顶层容器
        addKeyListener(mp);   //键盘监听
        setSize(400, 300);
        setVisible(true);
        setDefaultCloseOperation(JFrame.EXIT_ON_CLOSE);
        setTitle("坦克大战");
        setLocationRelativeTo(null); // 可去
        Thread thread = new Thread(mp); // 创建线程
        thread.start(); // 启动主线程
    }
}
```

MyPanel 类用于设定游戏场景，它实现了 Runnable 接口，其构造方法创建了 1 辆我方坦克和 3 辆敌方坦克，并加载了 3 个图像文件至内存中。

```
class MyPanel extends JPanel implements KeyListener, Runnable {    //我的面板类
    MyTank myTank= null;   //我方坦克
    int enSize = 3;   //敌人坦克数量
    //本项目里，下面的 Vector 可以使用 List 和 ArrayList 代替
    //即没有真正使用到 Vector 的高级特性
    Vector<EnemyTank> ets = new Vector<EnemyTank>(); // 敌方坦克组
    Vector<Bomb> bombs = new Vector<Bomb>();   //定义炮弹集合
    Image Image1 = null;   //定义形成爆炸效果用的 3 张图片
    Image Image2 = null;
    Image Image3 = null;
    public MyPanel() { //构造方法
        myTank = new MyTank(100, 100);//初始化 1 辆我方坦克
        for (int i = 0; i < enSize; i++) {   // 初始化 3 辆敌方坦克
            EnemyTank et = new EnemyTank((i + 1) * 50, 0);
            et.setColor(0);
            et.setDirect(2);
            ets.add(et); //
        }
        // 初始化图片，只是预加载图像文件至内存中
        Image1 = Toolkit.getDefaultToolkit().getImage(Panel.class.getResource(
                                                "/media/bomb_1.gif"));
        Image2 = Toolkit.getDefaultToolkit().getImage(Panel.class.getResource(
                                                "/media/bomb_2.gif"));
        Image3 = Toolkit.getDefaultToolkit().getImage(Panel.class.getResource(
                                                "/media/bomb_3.gif"));
    }
    // DrawTank 类实现了坦克的绘制，并根据坦克的前进方向进行图形绘制
    public void drawTank(int x, int y, Graphics g, int direct, int type) {   //画坦克
        switch (type) {   //判断类型：我方还是敌方
```

```
case 0:
        g.setColor(Color.cyan);    //我方坦克是青色
        break;
case 1:
        g.setColor(Color.yellow);    //敌方坦克是黄色
        break;
}
switch (direct) {    //  判断方向
case 0:    //向上
        g.fill3DRect(x, y, 5, 30, false); //画左边的矩形
        g.fill3DRect(x + 15, y, 5, 30, false);    //画右边矩形
        g.fill3DRect(x + 5, y + 5, 10, 20, false);    //画中间矩形
        g.fillOval(x + 5, y + 10, 10, 10);    // 画圆形
        g.drawLine(x + 10, y + 15, x + 10, y);    //画线
        break;
case 1:    //向右
        g.fill3DRect(x, y, 30, 5, false);    //画上面的矩形
        g.fill3DRect(x, y + 15, 30, 5, false);    //画下面的矩形
        g.fill3DRect(x + 5, y + 5, 20, 10, false);    //画中间的矩形
        g.fillOval(x + 10, y + 5, 10, 10); //  画圆形
        g.drawLine(x + 15, y + 10, x + 30, y + 10);
        break;
case 2:
        g.fill3DRect(x, y, 5, 30, false);    //画左边的矩形
        g.fill3DRect(x + 15, y, 5, 30, false);    //画右边矩形
        g.fill3DRect(x + 5, y + 5, 10, 20, false);    //画中间矩形
        g.fillOval(x + 5, y + 10, 10, 10);    //画圆
        g.drawLine(x + 10, y + 15, x + 10, y + 30);    //画线
        break;
case 3:
        g.fill3DRect(x, y, 30, 5, false);    //画出上面的矩形
        g.fill3DRect(x, y + 15, 30, 5, false);    //画出下面的矩形
        g.fill3DRect(x + 5, y + 5, 20, 10, false);    //画中间矩形
        g.fillOval(x + 10, y + 5, 10, 10);    //画出圆形
        g.drawLine(x + 15, y + 10, x, y + 10);
        break;
    }
}
```

hitTank() 方法实现了坦克被击中的效果，其代码如下：

```
public void hitTank(Shot s, EnemyTank et) {    //向敌方坦克开火
    switch (et.direct) {
    //敌人的方向是向上或向下时
    case 0:
    case 2:    //击中
        if (s.x > et.x && s.x < et.x + 20 && s.y > et.y && s.y < et.y + 30) {
```

```
                            s.isLive = false;   //炮弹死亡
                            et.isLive = false; // 敌人坦克死亡
                            Bomb b = new Bomb(et.x, et.y);   //在敌人坦克处创建炮弹
                            bombs.add(b);   //创建一颗炮弹，放入 vector
                    }
                    break;
            //敌人的方向是向右或向左时
            case 1:
            case 3: //击中,炮弹死亡，敌人坦克死亡
                    if (s.x > et.x && s.x < et.x + 30 && s.y > et.y && s.y < et.y + 20) {
                            s.isLive = false;
                            et.isLive = false;
                            //创建一颗炮弹，放入 vector
                            Bomb b = new Bomb(et.x, et.y);
                            bombs.add(b);
                    }
            }
    }
    @Override
    public void paint(Graphics g) { //重写父类方法 paint()，参见按钮处理
            super.paint(g);
            g.fillRect(0, 0, 400, 300); //填充矩形
            //画我方坦克，最后的参数 0 表示我方
            drawTank(myTank.getX(), myTank.getY(), g, myTank.direct, 0);
            for (int i = 0; i < myTank.ss.size(); i++) { //取炮弹
                    Shot myshot = myTank.ss.get(i);   //画出炮弹,只能画出一颗炮弹
                    if (myshot != null && myshot.isLive == true) {
                            g.draw3DRect(myshot.x, myshot.y, 1, 1, false);
                    }
                    if (myshot.isLive == false) {   //从 ss 中去掉该炮弹
                            myTank.ss.remove(myshot);
                    }
            }
            for (int i = 0; i < bombs.size(); i++) {   //处理炮弹
                    Bomb b = bombs.get(i);   //取出炮弹
                    if (b.life > 2) {
                            g.drawImage(Image1, b.x, b.y, 30, 30, this);
                    } else if (b.life > 1) {
                            g.drawImage(Image2, b.x, b.y, 30, 30, this);
                    } else {
                            g.drawImage(Image3, b.x, b.y, 30, 30, this);
                    }
                    b.lifeDown();   //让 b 的生命值减少
                    if (b.life == 0) {
                            bombs.remove(b);
                    }
```

```
        }
        for (int i = 0; i < ets.size(); i++) {    //画存活的敌方坦克
            EnemyTank et = ets.get(i);
            if (et.isLive) {
                drawTank(et.getX(), et.getY(), g, et.getDirect(), 1);
            }
        }
    }
```

keyPressed() 方法主要实现了对坦克移动方向的控制，其代码如下：

```
@Override
public void keyPressed(KeyEvent e) { //对我方坦克的按钮处理
    if (e.getKeyCode() == KeyEvent.VK_W) {    //按 W 向上移动
        myTank.setDirect(0);
        myTank.moveup();
    } else if (e.getKeyCode() == KeyEvent.VK_D) {    //按 D 向右移动
        myTank.setDirect(1);
        myTank.moveright();
    } else if (e.getKeyCode() == KeyEvent.VK_S) { //按 S 向下移动
        myTank.setDirect(2);
        myTank.movedown();
    } else if (e.getKeyCode() == KeyEvent.VK_A) {    //按 A 向左移动
        myTank.setDirect(3);
        myTank.moveleft();
    }
    if (e.getKeyCode() == KeyEvent.VK_J) {    //按 J 键发射炮弹
        if (myTank.ss.size()<5) {    //假定只能处理 5 颗炮弹
            myTank.shotEnemy();    //开火
        }
    }
    repaint();    //按上述 5 个键后都将重绘界面，调用改写的 pain() 方法
}
@Override
public void keyReleased(KeyEvent e) {
    // TODO Auto-generated method stub
}
@Override
public void keyTyped(KeyEvent e) {
    // TODO Auto-generated method stub
}
@Override
public void run() {
    while (true) {
        repaint();    //组件 Component 提供的方法，调用 paint()
        try {
            Thread.sleep(200);    //休眠值较大时（3 张图片的效果更有明显）
```

```
                        } catch (Exception e) {
                            // TODO Auto-generated catch block
                            e.printStackTrace();
                        }
                        for (int i = 0; i < myTank.ss.size(); i++) {
                            Shot myshot = myTank.ss.get(i);    //取出炮弹
                            if (myshot.isLive) {    //判断炮弹是否有效
                                for (int j = 0; j < ets.size(); j++) { //取出每一个敌人坦克与它判断
                                    EnemyTank et = ets.get(j);    //取出坦克
                                    if (et.isLive) {
                                        hitTank(myshot, et);
                                    }
                                }
                            }
                        }
                    }
                }
            }
class Bomb { //炮弹类
        int x, y;    //炮弹坐标
        int life = 9; //炮弹生命对应于 3 张图片
        boolean isLive = true;
        public Bomb(int x, int y) { //构造方法
            this.x = x;
            this.y = y;
        }
        public void lifeDown() { //减少生命
            if (life > 0) {
                life--;
            } else {
                isLive = false;
            }
        }
}
class Shot implements Runnable { //具有独立运行线程的炮弹类
        int x;
        int y;
        int direct;
        int speed = 1; //速度
        boolean isLive = true; //出界或击中敌方坦克时为 false
        public Shot(int x, int y, int direct) { //构造方法
            this.x = x;
            this.y = y;
            this.direct = direct;
        }
        @Override
```

```
public void run() { //接口方法
    while (true) {
        try {
            //参数值影响射击速度，参数值越小，炮弹速度越快
            Thread.sleep(30);
        } catch (Exception e) {
            // TODO Auto-generated catch block
            e.printStackTrace();
        }
        switch (direct) { //共四个方向
        case 0:
            y -= speed;    //向上
            break;
        case 1:
            x += speed;    //向右
            break;
        case 2:
            y += speed;    //向下
            break;
        case 3:
            x -= speed;    //向左
            break;
        }
        System.out.println("(x,y,direct)=(" + x + ", "+y+"," + direct+")");
        if (x < 0 || x > 400 || y < 0 || y > 300) { //炮弹坐标到了绘图区域外
            isLive = false;    //炮弹生命结束
            break; //线程运行结束
        }
    }
}
```

Tank 类含有坐标属性(x, y)、炮弹飞出方向属性 direct、速度属性 speed 和颜色属性 color，以及它们的 get/set 方法，其代码如下：

```
class Tank {    //坦克类——实体类
    int color;
    int x = 0;    //坐标
    int y = 0;
    int direct = 0;
    int speed = 1;    //速度
    public Tank(int x, int y) {    //构造方法
        this.x = x;
        this.y = y;
    }
    public int getColor() {
        return color;
```

```
            }
            public void setColor(int color) {
                this.color = color;
            }
            public int getDirect() {
                return direct;
            }
            public void setDirect(int direct) {
                this.direct = direct;
            }
            public int getX() {
                return x;
            }
            public void setX(int x) {
                this.x = x;
            }
            public int getY() {
                return y;
            }
            public void setY(int y) {
                this.y = y;
            }
            public int getSpeed() {
                return speed;
            }
            public void setSpeed(int speed) {
                this.speed = speed;
            }
        }
```

敌方坦克类 EnemyTank 继承于基类 Tank，定义了 isLive 属性（默认为 true，表明存活），其代码如下：

```
class EnemyTank extends Tank {    //敌人的坦克
    boolean isLive = true;    //不会开火,被击中后为 false
    public EnemyTank(int x, int y) {    //构造方法
        super(x, y);
    }
}
```

我方坦克类 MyTank 包含 Shot 类型的 s 属性（炮弹）和 ss 属性（炮弹向量），其代码如下：

```
class MyTank extends Tank {    //我方坦克
    Shot s = null;    //炮弹
    //可以连续发射炮弹而形成一个炮弹向量
    //支持线程同步，即某一时刻只能有一个线程写入
```

```
Vector<Shot> ss = new Vector<Shot>();
public MyTank(int x, int y) {    //构造方法
    super(x, y);
}
public void shotEnemy() {    //开火方法
    switch (direct) { //对应于 Shot 类的构造方法的第 3 参数
        case 0:
            s = new Shot(x + 10, y, 0);    //创建一颗炮弹，炮弹位置与方向相关
        ss.add(s); //添加炮弹至炮弹向量
            break;
        case 1:
            s = new Shot(x + 30, y + 10, 1);
            ss.add(s);
            break;
        case 2:
            s = new Shot(x + 10, y + 30, 2);
            ss.add(s);
            break;
        case 3:
            s = new Shot(x, y + 10, 3);
            ss.add(s);
            break;
    }
    Thread t = new Thread(s);    //创建炮弹子线程
    t.start();    //开启子线程
}
public void moveup() {    //坦克向上移动
    y -= speed;
}
public void moveright() {    //坦克向右移动
    x += speed;
}
public void movedown() {    //向下移动
    y += speed;
}
public void moveleft() {    //向左移动
    x -= speed;
}
}
```

注意：访问本书配套网站 http://www.wustwzx.com/java，可下载项目源代码。

10.2 简易人事管理信息系统

10.2.1 系统目标

人事管理是一个企业单位不可缺少的部分，涉及一个单位或若干个单位中员工的基本信息、工资信息、考勤信息和退休信息等诸多信息，这些信息是在不断变化的。人事管理信息系统能够将这些信息进行有效管理并为用户提供快捷的查询手段；同时，管理者可以根据准确、及时的人事信息来进行决策。

真实的人事管理信息系统通常较为复杂，涉及诸多流程和制度，这里仅介绍一个简易的人事管理信息系统，目的是为了使读者能够结合前面章节的内容，学以致用。

10.2.2 系统功能

简易人事管理信息系统仅包含以下几个功能。

（1）员工信息管理

该功能模块实现员工基本信息的管理，包含员工的编号、姓名、职位、工资、类别等信息，并实现对员工的增加、删除和信息修改。

（2）工资信息管理

该功能模块主要实现对员工的工资管理，包括员工编号、基本工资和缺勤记录等信息。此外，还提供了基于员工号或姓名等信息的工资信息查询功能。

（3）系统管理

该功能模块实现用户的增加、删除、密码修改和角色设定等功能。

（4）在线交流

该功能模块实现一个基于 Socket 通信技术的聊天室，便于员工之间的内部交流。

10.2.3 数据库设计

此应用以 MySQL 数据库作为应用程序后台数据库，在数据库中分别建立了三个表，如图 10.2.1 所示。

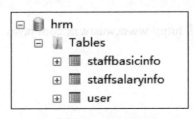

图 10.2.1　系统所用表

其中，staffbasicinfo 表用来存放员工基础信息，也是整个库的基础，以员工编号作为主键；staffsalaryinfo 表用来存放员工工资信息，通过每个月的具体情况和基础信息，计算出每个员工的每月工资；user 表用来存放管理者信息，管理者在登录后可以对软件进行操作，此功能用以保证应用系统的安全性。

10.2.4　界面设计

在登录页面中使用预先设定好的账号登录到管理页面，如图 10.2.2 所示。

图 10.2.2　系统登录界面

系统主界面由四部分组成，分别是用户管理、员工信息管理、工资信息查询和在线交流，如图 10.2.3 所示。

图 10.2.3　系统主界面

用户管理的作用是对用户进行管理，如图 10.2.4 所示，使用者可以在左侧查询当前已注册用户，通过单击用户姓名获取用户的具体信息，也可以在右侧直接添加新的用户，还可以修改当前用户的密码。

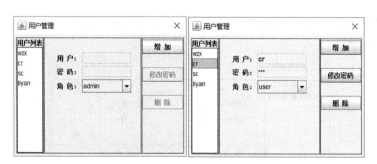

图 10.2.4　用户管理界面

员工信息管理分为基本信息管理和工资信息管理，其中，基本信息管理界面如图 10.2.5 所示，该部分是用来管理员工基本信息的。图中左侧列表显示的是人员分类，

227

右侧上方显示的是当前所选员工的具体信息；右侧中间三个按钮分别用来新增员工，修改当前员工信息，删除员工信息；右侧下方的输入框则用来记录修改信息，以防止出现某些错误操作，并准确定位错误位置。

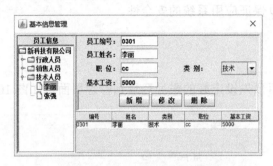

图 10.2.5　基本信息管理界面

工资信息管理是在基本信息管理基础上的衍生部分，如图 10.2.6 所示，通过在基本信息管理中创建员工信息，得到不可更改的唯一编号，从而可以在工资信息管理中加载具体信息，写入或修改员工每个月的具体工资和缺勤天数，右下角同时会保留操作记录。

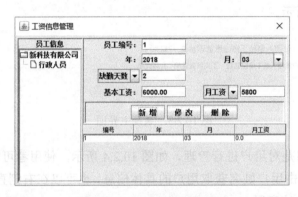

图 10.2.6　工资信息管理界面

工资信息查询界面如图 10.2.7 所示，通过编号或姓名及时间来查询该员工的信息，完成工资信息查询。

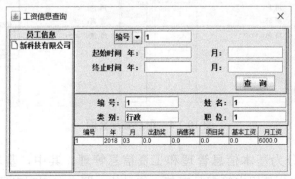

图 10.2.7　工资信息查询界面

在线交流功能是为了让员工方便在局域网中进行交流。有的公司考虑到安全性，不允许连接外网，此功能可以方便公司内部员工之间的交流，界面如图 10.2.8 所示。

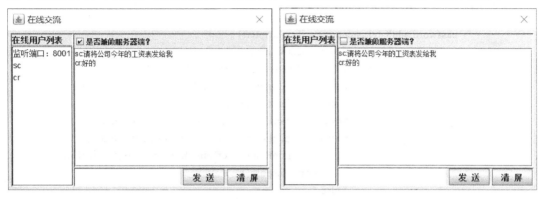

图 10.2.8　在线交流界面

注意：

（1）使用在线交流功能时，需要在刚开始出现的对话框中设置"是否兼做服务器端"复选框。

（2）用户登录时，用户名会显示在服务器的在线用户列表区域。

（3）与本功能类似的示例可参见 8.2.2 节。

10.2.5　主要模块设计

该项目由两个主要窗体 LoginFrame 和 MainFrame 组成，其他窗体嵌套在 MainFrame 窗体中，UserDB 用来执行对数据库的操作，hrm.sql 用来存放创建数据库的 SQL 语句，lib 文件中存放外部的库文件，项目文件系统如图 10.2.9 所示。

图 10.2.9　项目文件系统

登录窗体 LoginFrame 通过数据库验证来确认是否为注册用户，如果成功，则跳转到 MainFrame 窗体；否则，弹出错误提示，并显示剩余可尝试次数。文件 LoginFrame.java 的主要代码如下：

```
password.addKeyListener(new KeyAdapter() {
        public void keyPressed(KeyEvent e) {
            if (e.getKeyCode() == KeyEvent.VK_ENTER) {
                UserDB userLogin = new UserDB();    //创建数据库访问对象
                String userName = textField.getText();
                String password1 = String.valueOf(password.getPassword());
                if (userLogin.isLoginSuccess(userName, password1)) { //登录验证
                    new MainFrame(userName); //创建主窗体，并显示
                    jframe.dispose();
                } else {
                    JOptionPane.showMessageDialog(jframe, "用户名或密码错
                            误!", "错误", JOptionPane.ERROR_MESSAGE);
                    textField.setFocusable(true);
                }
            }
        }
});
```

主窗体 MainFrame 将功能分开实现，所包含的 4 个子窗体的实现方法也基本一致。文件 MainFrame.java 的主要代码如下：

```
public MainFrame(String userName) {    //构造方法
        MainFrame.userName = userName;
        setTitle("公司人事和信息管理系统" + userName);
        setDefaultCloseOperation(JFrame.EXIT_ON_CLOSE);
        setBounds(80, 80, 800, 600);
        getContentPane().setLayout(new BorderLayout(0, 0));
        JMenuBar menuBar = new JMenuBar();    //创建菜单
        setJMenuBar(menuBar);
        JMenu menu1 = new JMenu("");    // （一级）主菜单
        menuBar.add(menu1); // （二级）菜单
        menu1.add(menuItem1_1);
        JMenu menu2 = new JMenu("员工信息管理");
        menuBar.add(menu2);
        JMenuItem menuItem2_1 = new JMenuItem("基本信息管理");
        menuItem2_1.addActionListener(new ActionListener() {
            public void actionPerformed(ActionEvent e) {
            basicInforDialog = new BasicInforDialog(jframe, "基本信息管理", true);
            }
});
```

基本信息对话框完成对数据库的增删改操作，并通过 refreshTable 将修改记录保存下

来。文件 BasicInforDialog.java 的主要代码如下：

```
public void refreshTable() {
        Object[] salaryList = new Object[5];
        salaryList[0] = staffNo;
        salaryList[1] = staffName;
        salaryList[2] = staffClass;
        salaryList[3] = staffPosition;
        salaryList[4] = staffBasicSalary;
        model.addRow(salaryList);
        if(a)
        model.removeRow(0);
        else {
            a=true;
        }
}
class btnNewButton_1ActionAdapter implements ActionListener {
    //修改员工基本信息
    public void actionPerformed(ActionEvent e) {
        UserDB UserDB = new UserDB();
        staffNo = textField.getText();
        if (!isstaffNo()) {
            JOptionPane.showMessageDialog(jframe, "该编号不存在!", "错误",
                                        JOptionPane.ERROR_MESSAGE);
        } else {
            String Name = textField_1.getText(); //获得文本框
            String staffClass = (String) comboBox.getSelectedItem();
            String Position = textField_3.getText();
            String BasicSalary = textField_5.getText();
            int v = UserDB.updateInfo(staffNo, Name, staffClass,
                                        Position, BasicSalary);
            System.out.println("修改成功" + "影响了" + v + "行数据");
            Object[] salaryList = new Object[5];
            salaryList[0] = staffNo;
            salaryList[1] = Name;
            salaryList[2] = staffClass;
            salaryList[3] = Position;
            salaryList[4] = BasicSalary;
            model.addRow(salaryList);
            if(a)
                model.removeRow(0);
                else {
                    a=true;
                }
            refreshtreemodel();
        }
    }
```

```
        }
class btnNewButton_2ActionAdapter implements ActionListener {
        //删除员工基本信息的按钮
        int v = 0;
        public void actionPerformed(ActionEvent e) {
                UserDB UserDB = new UserDB();
                staffNo = textField.getText();
                if (!isstaffNo()) {
                        JOptionPane.showMessageDialog(jframe, "该编号不存在!", "错误",
                                                JOptionPane.ERROR_MESSAGE);
                }
                if (UserDB.selectsalaryinfo(staffNo, null, null, null)[0][1] != null) {
                        JOptionPane.showMessageDialog(jframe, "已包含工资信息，不能删除!",
                                                "错误", JOptionPane.ERROR_MESSAGE);
                } else {
                        v = UserDB.deleteInfo(staffNo);
                        System.out.println("删除成功" + "影响了" + v + "行数据");
                }
                refreshtreemodel();
        }
}
// 初始化和更新数据表格
public void refreshtreemodel() {
    tmodel = new DefaultTreeModel(new DefaultMutableTreeNode("新科技有限公司")) {
        { //定义优先于构造方法执行用于创建对象的构造代码块
            UserDB data = new UserDB();
            List<String> Name = null;
            List<String> Name1 = null;
            List<String> Name2 = null;
            node_1 = new DefaultMutableTreeNode("行政人员");
            Name = data.selectName("行政");
            for (int i = 0; i < Name.size(); i++) {
                    node_1.add(new DefaultMutableTreeNode(Name.get(i)));
            }
            add(node_1);
            node_2 = new DefaultMutableTreeNode("销售人员");
            Name1 = data.selectName("销售");
            for (int i = 0; i < Name1.size(); i++) {
                    node_2.add(new DefaultMutableTreeNode(Name1.get(i)));
                    add(node_2);
            }
```

```
                node_3 = new DefaultMutableTreeNode("技术人员");
                Name2 = data.selectName("技术");
                for (int i = 0; i < Name2.size(); i++) {
                        node_3.add(new DefaultMutableTreeNode(Name2.get(i)));
                        add(node_3);
                }
        }
});
if (tree == null)
        tree = new JTree(tmodel);
else {
        tree.removeAll();
        tree = new JTree(tmodel);
}
tree.setBorder(new BevelBorder(BevelBorder.LOWERED, null, null, null, null));
tree.setFont(new Font("华文仿宋", Font.BOLD, 14));
tree.addTreeSelectionListener(new TreeSelectionListener() {
        @Override
        public void valueChanged(TreeSelectionEvent e) {
                DefaultMutableTreeNode node = (DefaultMutableTreeNode)
                                                tree.getLastSelectedPathComponent();
                if (node == null)
                        return;
                if (node.isLeaf()) {
                        String text = node.toString();
                        if (text != null) { //判断是否为名字节点
                                UserDB sel = new UserDB();
                                ArrayList<String> list1 = sel.selectInfo(null, text);
                                if (list1.isEmpty())
                                        return;
                                textField.setText(list1.get(0));
                                textField_1.setText(text);
                                comboBox.setSelectedItem(list1.get(2));
                                textField_3.setText(list1.get(3));
                                textField_5.setText(list1.get(4));
                                Object[] salaryList = new Object[5];
```

```
                    salaryList[0] = list1.get(0);
                    salaryList[1] = text;
                    salaryList[2] = list1.get(2);
                    salaryList[3] = list1.get(3);
                    salaryList[4] = list1.get(4);
                    model.addRow(salaryList);
                }
            }
        }
    });
    scrollPane.setViewportView(tree);
}
```

通过对数据的操作，实现对数据库中的数据进行查询，并通过 refreshTable 将修改记录保存下来。文件 QueryDialog.java 的主要代码如下：

```
class   btnNewButton_3_ActionAdapter implements ActionListener{
    DefaultTableModel model;
    public btnNewButton_3_ActionAdapter(DefaultTableModel model){
        this.model=model;
    }@Override
    public void actionPerformed(ActionEvent e) {
        UserDB UserDB = new UserDB();
        //获取员工基本信息，并加入 list1 表
        //equals 本意为确定两个对象的引用是否相同
        if(comboBox.getSelectedItem().equals("编号")){
            if(!textField_10.getText().isEmpty()){
                refreshdatatable(model);}
            else{
                String staffNo=textField.getText();
                ArrayList<String> list1 = UserDB.selectInfo(staffNo,null);
                textField_8.setText(list1.get(0));
                textField_12.setText(list1.get(1));
                textField_11.setText(list1.get(2));
                textField_13.setText(list1.get(3));
                // 更新数据表格
                refreshTable(model);
            }
        }else {
            if(!textField_10.getText().isEmpty()){
                refreshdatatable(model);}
            else{
                String staffName =textField.getText();
```

```
                                  // 获取员工基本信息，并加入 list1 表
                                  ArrayList<String> list1 = UserDB.selectInfo(null,staffName);
                                  textField_8.setText(list1.get(0));
                                  textField_12.setText(staffName);
                                  textField_11.setText(list1.get(1));
                                  textField_13.setText(list1.get(2));
                                  NameTable(model);
                              }
                          }
                      }
                  }
```

消息对话框、消息服务器端和消息客户端从主窗体直接跳转到 MessageDialog 窗体中，通过勾选来确定是客户端还是服务器端，如果未勾选，用户发送信息时会作为客户端加入聊天。文件 MessageDialog.java、MessageServer.java 和 MessageClient.java 的主要代码如下：

```
btnNewButton_1 = new JButton("发　送");
btnNewButton_1.addActionListener(new ActionListener() {
    public void actionPerformed(ActionEvent e) {
        if (client==null){
            client = new MessageClient(dialog);
        }
        client.send();
    }
});

isServer = new JCheckBox("是否兼做服务器端？");

isServer.addActionListener(new ActionListener() {
    public void actionPerformed(ActionEvent e) {
        if (isServer.isSelected()){ //创建服务器端
            server = new MessageServer(dialog);
            server.start();
        }
    }
});
class ServerReadThread extends Thread{
    Socket socket;    //套接字
    BufferedReader br; //读数据流对象
    MessageDialog dialog;   //消息窗口
    ArrayList<Socket> clientList; //存储建立的连接套接字
    PrintWriter pw; //写数据流对象
    public ServerReadThread(Socket socket,
            ArrayList<Socket> clientList,MessageDialog dialog){
        this.dialog = dialog;
```

```java
            this.socket = socket;
            this.clientList = clientList;
            try {
                br = new BufferedReader(new InputStreamReader(
                        socket.getInputStream()));
            } catch (IOException e) {e.printStackTrace();}
        }
    public void run(){
        String s=null;
        try {    //读客户端发送的数据
            s = br.readLine();
        } catch (IOException e1) {e1.printStackTrace();    }
        String userName = s.substring(0,s.indexOf(':'));
        //将上线用户加入在线用户列表中
        if(!dialog.userList.contains("userName")){
            dialog.userList.addElement(userName);
        }
        try{
            while(true){  //向所有客户（除发送客户外）发送信息
                for(Socket socket1:clientList){
                    if(!socket.equals(socket1)){
                        pw = new PrintWriter(socket1.getOutputStream());
                        pw.println(s);
                        pw.flush();
                    }
                }
                s = br.readLine();
            }
        }catch(Exception e){e.printStackTrace();}
            finally{
                try {
                    socket.close();br.close();pw.close();
                } catch (IOException e) {
                    e.printStackTrace();
                }
            }
        }
    }
}
//服务器端类
class MessageServer extends Thread {
    private int port=8001; //绑定端口
    ServerSocket serverSocket; //ServerSocket 对象
    ArrayList<Socket> clientList = null;    //存储建立连接的套接字
    Socket clientSocket;   //套接字
    MessageDialog dialog;
    public MessageServer(MessageDialog dialog){
```

```
            try {
                    this.dialog = dialog;
                    serverSocket = new ServerSocket(port);//创建对象
                    clientList = new ArrayList<Socket>();

                    dialog.userList.addElement("监听端口："+port);

            } catch (IOException e) {
                    e.printStackTrace();
            }
    }
    public void run(){
            try {
                    while(true){
                        clientSocket = serverSocket.accept(); //建立连接
                        //将新的连接套接字加入套接字链表中
                        if (!clientList.contains(clientSocket)){
                                clientList.add(clientSocket);
                        }
                        //创建并启动服务器端读数据线程
                        new ServerReadThread(clientSocket,
                            clientList,dialog).start();
                    }
            }catch (IOException e1) {
                    e1.printStackTrace();
            }finally{
                    try {
                            serverSocket.close();
                            clientSocket.close();
                    } catch (IOException e) {
                            e.printStackTrace();
                    }
            }
    }
}
```

习题 10

一、判断题

1．Java 可以通过自带的类库播放 MP3 格式的音乐。

2．Java 有垃圾回收机制，内存回收程序可在指定的时间释放内存对象。

3．在异常处理中，若 try 中的代码可能产生多种异常，则可以对应多个 catch 语句；若 catch 中的参数类型有父类子类关系，此时应将父类放在后面，子类放在前面。

4．所有的 Swing 组件都实现了 ActionListener 接口。

5．在对话框内不能添加面板。

二、选择题

1．下列有关 Java Swing 的描述，错误的是＿＿＿。

    A．Swing 组件可直接添加到顶层容器中

    B．Swing 是为了解决 AWT 存在的问题而新开发的包，它以 AWT 为基础

    C．Swing 优化了 AWT，运行速度比 AWT 快

    D．Swing 组件解决了 AWT 组件存在中文乱码的问题

2．下列选项中，＿＿＿可能包含菜单栏。

    A．Panel   B．Frame   C．Applet   D．Dialog

3．监听事件和处理事件＿＿＿。

    A．都由 Listener 完成

    B．都由相应事件 Listener 登记过的构件完成

    C．由 Listener 和构件分别完成

    D．由 Listener 和窗口分别完成

4．在创建某类的对象时应该＿＿＿。

    A．先声明对象，然后才能使用对象

    B．先声明对象，为对象分配内存空间，然后才能使用对象

    C．先声明对象，为对象分配内存空间，初始化对象，然后才能使用对象

    D．以上述说法都不对

5．在单一文件中，import、class 和 package 的正确出现顺序是＿＿＿。

    A．package、import、class

    B．class、import、package

    C．import、package、class

    D．package、class、import

三、填空题

1．Java 的屏幕坐标是以像素为单位的，容器的____被确定为坐标的起点。

2．构造方法用于创建类的实例对象，构造方法名应与____相同。

3．paint() 方法使用的参数类型是____。

4．提供 Java 存取数据库能力的包是____。

5．提供 Java 图形界面中事件处理的包是____。

实验 10

一、实验目的

1. 掌握面向对象的程序设计方法。

2. 掌握小型项目设计的一般步骤。

3. 掌握 Java UI 与多线程的综合运用。

4. 掌握多级菜单的交互。

5. 掌握 Java UI 与 JDBC 的综合运用。

6. 掌握 Java I/O 流、多线程与 UI 的综合运用。

二、实验内容及步骤

访问上机实验网站（http://www.wustwzx.com/java），单击"10. 综合项目实训"的超链接，下载本实验内容的源代码并解压，得到文件夹 Java_ch10。

1. 在面板上通过 AWT 构造出坦克

（1）在 eclipse 中导入解压文件夹中的游戏项目 TankGame。

（2）查验 TestAWT1.java 中的抽象类 Tank，其中 MyTank 类和 EnemyTank 类都继承自 Tank 类。

（3）查验类 MyTank 比类 EnemyTank 多了开火的代码。

（4）定义 drawTank 类用来画出坦克，通过坦克类型定义颜色。通过 switch 语句判断坦克朝向，然后使用 Graphics 画出坦克。

（5）查看用于我方移动坦克的按键监听的方法 keyPressed()。当指定按钮触发时，移动我方坦克。

2. 实现炮弹的运动和爆炸效果

（1）打开文件 TestBomb.java，分析爆炸效果的模拟实现。

（2）在事件监听中添加发射键，当按键被按下时执行 shotEnemy 方法。

（3）通过确认我方坦克的朝向和方位，创建炮弹并移动。

（4）在线程中通过确认炮弹和所有敌方坦克的位置，判断坦克所覆盖的范围是否与炮弹重合。当两者位置重合时，出现爆炸效果。

（5）当爆炸效果被触发时，调用 media 中的图片，通过延时显示三张图片，模拟炮弹命中敌方坦克的爆炸效果。

3．为 TankGame 添加背景音乐

（1）打开播放音频测试文件 TestAudio.java。

（2）查看音频播放的相关 API。

（3）将音频播放代码加入到 TankGame 程序中，为 TankGame 增加背景音乐。

4．登录页面及多级菜单的交互使用

（1）在 eclipse 中导入解压文件夹中的公司管理项目 HRM。

（2）在 SQLyog 中执行项目自带的 SQL 脚本，自动创建名为 hrm 的数据库。

（3）运行程序 LoginFrame.java，使用用户名 wzx 和密码 123 登录。此时，窗体标题栏显示用户名。

（4）打开主窗体文件 MainFrame.java，查看菜单的设计代码。

5．窗体与数据库的交互

（1）单击用户管理菜单项，进入用户管理对话框。

（2）查看文件 UserManagerDialog.java 中的窗体设计代码。

（3）查看从数据库获取用户列表信息并添加至 JPanel 面板显示的代码中。

（4）查看使用监听器监听所选择的用户并显示用户信息的代码。

6．聊天功能

（1）通过 MessageClient.java 和 MessageServer 实现服务器/客户端功能。

（2）打开服务器后，服务器开始监听信息网段中指定端口的信息。

（3）可以打开多个客户端，所有的客户端和服务器公用同一个端口。

（4）当客户端发送消息时，服务器监听到信息后将信息显示在面板上，并发送给所有的客户端，客户端接收到信息后将信息显示出来，从而实现多人聊天功能。

（5）同一网段下的不同主机之间也可以直接交流。

三、实验小结及思考

（由学生填写，重点填写上机实验中遇到的问题。）

习题答案

习题 1

一、判断题(正确用 "T" 表示，错误用 "F" 表示)

1～6： TTFTTT

二、选择题

1～6： CBABCC

三、填空题

1. 编译生成字节码　2. Ctrl+1　3. Ctrl+Shift+O　4. Ctrl+Shift+F　5. 3

习题 2

一、判断题(正确用 "T" 表示，错误用 "F" 表示)

1～5：FFFTF　　6～9：TTFF

二、选择题

1～5：CACAA　　6～10：DCDDC

三、填空题

1. byte　　2. 2　　3. false　　4. StringBuffer　　5. 2，3，2
6. false　　7. double　　8. import mypackage.*

习题 3

一、判断题（正确用 "T" 表示，错误用 "F" 表示）

1～5：TFFTF　6～10：TTTTT　11～16：TFTTTF

二、选择题

1～5：CBDDA

三、填空题

1．package　　2．default package　　3．class　　4．实例对象

5．this　　　　6．Class　　　　　　7．类型不同　　8．2，4

9．上　　　　10．Interface　　　　11．类名

习题 4

一、判断题(正确用"T"表示，错误用"F"表示)

1～5：TFTFT

二、选择题

1～6：DBABCD

三、填空题

1．Synchronized　　2．Java.lang　　3．普通优先级　　4．使用 Runnable 接口

5．死亡

习题 5

一、判断题(正确用"T"表示，错误用"F"表示)

1～5：TTFTF

二、选择题

1～5：CBDAC

三、填空题

1．java．util　　2．Set　　3．快　　4．add()　　5．poll()　　6．next()

习题 6

一、判断题(正确用"T"表示，错误用"F"表示)

1～5：TFTFT　　　6～9：FFFF

二、选择题

1～5：CCDAC

三、填空题

1. BorderLayout　2. 标签　3. KeyEvent　4. 框架　5. JOptionPane

习题 7

一、判断题(正确用"T"表示，错误用"F"表示)

1～5：FTTFT

二、选择题

1～5：DCABC

三、填空题

1. File.separator　2. available()　3. Byte[]　4. FilterInputStream　5. 过滤流
6. FileInputStream　7. InputStreamReader　8. PrintWriter

习题 8

一、判断题(正确用"T"表示，错误用"F"表示)

1～5：FFTFF

二、选择题

1～5：ADDBC

三、填空题

1. WSD　2. InetAddess　3. 三　4. openStream()　5. ServerSocket　6. 协议

习题 9

一、判断题(正确用"T"表示，错误用"F"表示)

1～5：TTTFT

二、选择题

1～5：ACBDB

三、填空题

1．exit 或 quit　　2．SQL　　3．DML　　4．GUI　5．主键
6．PreparedStatement　7．PreparedStaement　8．updateRow()

习题 10

一、判断题(正确用"T"表示，错误用"F"表示)

1～5：　FFTFF

二、选择题

1～5：　CBBCA

三、填空题

1．左上角　　2．类名　　3．Graphics　　4．java.sql　　5．java.awt.event

参 考 文 献

[1] 张晓龙主编. Java 程序设计基础[M]. 北京：清华大学出版社，2007.

[2] 吴志祥，张智，曹大有，焦家林，赵小丽编著. Java EE 应用开发教程[M]. 武汉：华中科技大学出版社，2016.

[3] 吴志祥，柯鹏，张智，胡威编著. Android 应用开发案例教程[M]. 武汉：华中科技大学出版社，2015.

[4] 李芝兴，杨瑞龙主编. Java 程序设计之网络编程(第 2 版)[M]. 北京：清华大学出版社，2009.

[5] 吴志祥，王新颖，曹大有主编. 高级 Web 程序设计——JSP 网站开发[M]. 北京：科学出版社，2013.